U0260332

香蕉 病虫害
原色图鉴

彭成绩 黄秉智 彭埃天 主编

XIANGJIAO BINGCHONGHAI YUANSE TUJIAN

中国农业出版社
北 京

编 委 会

主 任 邓秀新

委 员 邓秀新　韩明玉　段长青　张绍铃

　　　　 陈厚彬　姜　全　赵立山

《香蕉病虫害原色图鉴》编委会

主　　编　彭成绩　黄秉智　彭埃天

编　　委　彭成绩　黄秉智　彭埃天　李春雨

　　　　　许林兵　凌金锋　杨　护

图片摄影　彭成绩　黄秉智　彭埃天　李春雨

　　　　　蔡明段　郑朝武　郑万明　许林兵

编者工作单位　广东省农业科学院果树研究所

　　　　　　　广东省农业科学院植物保护研究所

[序]

··

　　我国是重要的香蕉生产国。中国香蕉主要分布在广东、广西、福建、台湾、云南和海南，贵州、四川、重庆、西藏等地也有少量栽培。据统计，2016年全国香蕉种植面积40.79万公顷，年产量达到1 299.70万吨，分别位居世界第五位和第二位，是华南诸省农业结构调整中实现农民增收的主要高效益经济作物之一。然而，随着香蕉的单一品种规模化种植，以及栽培过程中化学农药和肥料的不合理施用等原因，导致农业生态环境发生显著变化，由此导致病虫害的危害程度进一步加重。近年香蕉枯萎病等香蕉病虫害不断加重，已成为我国香蕉优质高产和产业可持续健康发展的一个重要制约因素。为了准确地鉴别香蕉病虫种类、辨识为害症状，了解其发生规律，及早并有效地进行防控，彭成绩研究员牵头组织了一批长期在香蕉科研、生产一线的科技工作者，编写了《香蕉病虫害原色图鉴》，把多年积累的知识和经验奉献给业界的同仁们。

　　彭成绩研究员是一位非常令人敬佩的老先生，其谦虚谨慎的人格魅力、孜孜不倦的科学精神，一直是我们学习追崇的楷模。彭老曾任广东省农业科学院果树研究所所长，长期从事果树栽培与品种选育研究，积累了大量的果树病虫害实物图片和珍贵的资料。在本书的图片补充收集过程中，80岁高龄的彭老先生，冒着南方高温高湿的天气，亲临田间地头，辨识病虫害并拍摄照片，精神着实可嘉，值得后辈学习。

　　全书共收集代表性的高像素照片620余幅。纵观全书，图文并茂、内容翔实，可供从事香蕉教学、科研、技术推广和生产等部门的同行学习和参考。我相信，本书的出版必将对我国香蕉生产管理水平的提高、产业的可持续发展做出有益贡献。

广东省农业科学院副院长、研究员、博士生导师

FAO国际热带水果组织副主席兼中国代表

中国香蕉协作网首任会长

国家香蕉产业技术体系岗位科学家

2018年8月18日

　　香蕉是我国南方重要的栽培果树，主要种植区域包括广东、广西、云南、海南、福建、台湾、四川、重庆等省、自治区、直辖市。据《中国农村统计年鉴（2017）》资料，2016年全国香蕉栽培面积40.79万公顷，产量1 299.70万吨，居世界第五位和第二位。其中，广东香蕉栽培面积13.08万公顷、产量481.65万吨，广西10.75万公顷、319.93万吨，云南10.25万公顷、270.04万吨，分别位居全国第一、第二、第三位。香蕉产业已成为我国南方农业经济增长、农民增收致富的重要支柱产业之一。

　　香蕉是多年生热带亚热带大型草本植物，生长在高温多湿的生态环境，非常利于病虫害发生，随着病害虫害不断增多并暴发，已经对香蕉产业的可持续发展构成新的威胁。为了能够准确识别香蕉各种病虫害，做到以防为主、有效治疗，以生产出优质安全的果品，促进我国香蕉产业的可持续发展。经过对香蕉病虫害的多年观察及虫的饲养，拍摄了大量病虫害的照片，并从中精选出具有代表性的高清晰照片620余幅，采用以图为主、图文并茂的形式，编辑成《香蕉病虫害原色图鉴》。本书分为三个部分，第一部分主要介绍香蕉15种传染性病害和6种非传染性病害的症状、病原、发生规律及防治方法；第二部分介绍香蕉27种害虫的为害症状、形态特征、生活习性及关键防控技术措施；第三部分是附录，包括香蕉病虫害防治历、害虫天敌，以及香蕉病原学名索引和害虫与天敌学名索引。希望本书能为我国香蕉产业的可持续发展做出贡献。

　　本书可供从事果树教学、科研、科普、商贸、检疫、技术推广以及种植者参考。

　　本书在编写及出版过程中，得到国家重点研发计划项目

（2017YFD0202105）、广东省现代农业产业技术体系岭南水果创新团队建设项目（2018LM1069、1077）、国家农作物种质资源共享服务平台项目的部分资金支持，也得到华南农业大学高乔婉教授、李华平教授，以及广东省农业科学院植物保护研究所刘朝祯研究员的帮助和果树研究所曾继吾所长的热情支持，佛山盈辉公司提供香蕉根结线虫病照片，在此一并表示衷心的感谢！

由于编者的水平有限，收集的病害和害虫种类还不全，编写时间也仓促，书中错漏难免，恳请读者见谅与批评指正。

编　者

2018年5月18日

[目录]

一、香蕉病害

（一）传染性病害

1. 香蕉枯萎病

香蕉枯萎病又称香蕉镰刀菌枯萎病、巴拿马病、黄叶病。

【症状】是真菌为害香蕉维管束引起的病害。发病时假茎和球茎的维管束逐步褐变，呈斑点状或线状，后期呈长条形或块状。根的木质导管变为红褐色，一直延伸到球茎内。外部症状有叶片倒垂型和假茎基部开裂型两种。前者发病蕉株下部及靠外的叶鞘先出现黄化，叶片黄化先在叶缘出现，后逐渐扩展到中脉，撕裂的叶片边缘也发生黄化，染病叶片很快倒垂枯萎；后者病株先表现叶鞘散开，呈"散把"状，假茎基部开裂，向内部至心叶，并向上扩展。粉蕉也常有这种症状，香牙蕉则不多。裂口褐色干腐，最后叶片变黄，倒垂或不倒垂，病株枯萎相对较慢。新发生的叶片逐渐变小、畸形，香牙蕉有时有心叶枯死现象。

【病原】*Fusarium oxysporum* f. sp. *cubense* Snyder. et Hansen（*Foc*），称尖孢镰刀菌古巴专化型，土传真菌，属半知菌亚门，镰刀菌属。本菌已知有4个生理小种（Race），已在亚洲、非洲、大洋洲、中南美洲发现不同生理小种为害的香蕉园。病原菌随着感染的种植材料广为扩散，已在世界范围内造成了3次大暴发，其中，*Foc* Race 1的寄主包括 'Gros Michel'（AAA）、'Silk'（AAB）、'Pome'（AAB）、粉蕉 'Pisang Awak'（ABB）等，于20世纪50年代摧毁了以Gros Michel品种为核心的中美洲香蕉产业，之后从亚洲引进香牙蕉，该地区的香蕉产业才得以恢复；Race 2侵染 'Bluggoe'（ABB）；Race 4除侵染1号和2号小种的寄主外，还在进化过程中攻克了香牙蕉Cavendish（AAA）、'Pisang Mas'（AA）、'Pisang Berangen'（AAA）、Plantains（AAB）等的免疫系统，是目前为止危害程度最严重的生理小种。4号小种可分为亚热带（*Foc* Subtropical Race 4, *Foc* STR 4）和热带（*Foc* Tropical Race 4, *Foc* TR 4）两种类型。20世纪70年代末*Foc* STR 4在我国台湾地区暴发，得益于台湾香蕉研究所通过体细胞变异选种获得的系列抗病品种，该地区的香蕉产业才逐步恢复。20世纪90年代致病力最强的*Foc* TR 4在印度尼西亚和马来西亚暴发，并迅速传播至亚洲主要香蕉生产国，包括中国、菲律宾等，已重创亚洲热带和亚热带地区的香蕉产业，现在已经流行至中东地区、东南亚和非洲的莫桑比克，引起尚未发现该病的非洲和拉丁美洲等香蕉生产国一片恐慌。被联合国粮农组织（FAO）列为重要检疫对象。

【发生规律】病菌从根部侵入导管，产生毒素，使维管束坏死。全株枯死后，病菌在土壤中营腐生生活几年甚至20年。初发病的蕉园有明显的发病中心；一般雨季5～6月感病，10～11月达到高峰期。高温多雨、土壤酸性、沙壤土、肥力低、土质黏重、排水不良、下层土渗透性差和耕作伤根等因素，促进该病的发生。我国南方20世纪50年代引种粉蕉时发现此病，现在是粉蕉、龙牙蕉、香蕉的主要病害。香蕉枯萎病通过带菌的香蕉种苗、土壤和农机具等调运和搬移进行远距离传播；通过带菌的水、分生孢子进行近距离扩散。

【防治方法】①严格执行检疫制度。②种植抗病品种，如海贡蕉（抗病皇帝蕉）、粉杂1号、南天黄、宝岛蕉、中蕉3号、中蕉9号等。③种植无病健壮的组培苗，并注意杀灭地下害虫。④蕉园发现零星病株早期病症时，可用下列药剂淋灌根部：90%噁霉灵可湿性粉剂1 000～2 000倍液，23%络氨铜水剂600倍液，20%噻菌铜（龙克菌）悬浮剂500～600倍液，每隔5～7天淋1次，连续淋2～3次。发生病株时马上用除草剂杀死病株，就地烧毁，进行土壤消毒，植穴用氰氨化钙（石灰氮）600克消毒后，用黑色塑料薄膜覆盖，或施石灰等进行土壤消毒。同时隔离病株，尽量不进入隔离区。⑤发病率高于20%、多点发生时，应改种水稻等水生作物轮作3年以上，再改种抗病品种。种前每667米²用石灰氮60千克，淋透水后覆盖地膜，消毒15天后，打开地膜晾干，一周后定植。⑥田间管理，如除草、施肥、立桩等尽量少伤根、断根、伤球茎，减少病菌侵染机会。

粉蕉多数植株感染枯萎病

泰国黄金蕉枯萎病

粉蕉枯萎病叶片枯黄叶柄下垂倒挂逐步枯死

粉蕉枯萎病维管束变黑褐色条状

粉蕉枯萎病维管束变黑褐色条状

粉蕉枯萎病裂茎

香蕉枯萎病感染初期植株叶片枯黄

香蕉枯萎病感染中期植株叶片枯黄下垂倒挂

香蕉枯萎病较严重的病株

香蕉枯萎病田间严重发生，多数植株枯死

香蕉枯萎病感染初期假茎横纵切面周边可见维管束变黑褐色

香蕉枯萎病感染初期假茎横切面周边可见维管束变黑褐色

香蕉枯萎病中期假茎纵切面维管束变黑褐色

香蕉枯萎病中期假茎横切面维管束变黑褐色

粉杂1号枯萎病抗病（左行）与感病（右行）

巴西香蕉后期发生枯萎病，果穗有价值

粉杂1号后期发生枯萎病，果穗有部分价值

粉杂1号后期发生枯萎病，果穗有价值

广粉1号粉蕉抽蕾期发生枯萎病，果穗无价值

广粉1号粉蕉后期发生枯萎病，果穗有价值

过山香龙牙蕉枯萎病

红香蕉枯萎病

金指蕉枯萎病　　　　　　　　　　　　　南天黄香蕉枯萎病病株黄叶及裂茎

2.香蕉炭疽病

【症状】主要为害成熟或近成熟的果实，尤以贮藏果受害最烈。一般果实黄熟时果皮出现褐色、绿豆大病斑，俗称"梅花点"，后扩大并连合成近圆形或不规则形深褐色稍下陷的大斑或斑块，其上密生黑褐色小点，潮湿时出现黏质朱红色小点。苗期叶片受害，病斑长椭圆形，生长后期小黑点布满叶片。

【病原】*Colletotrichum musae* (Berk. et Curt.) Arx，称香蕉炭疽菌，属半知菌亚门真菌。

【发生规律】病菌菌丝体和分生孢子在病部越冬。翌年分生孢子借风或昆虫传播。条件适合时分生孢子萌发芽管侵入果皮内，并发展为菌丝体。夏秋季高温黄熟果发病严重，冬春低温时发病较轻。病果的病斑上长出大量的分生孢子辗转传播，不断进行重复侵染。贮藏期间，温度25～32℃时发病最严重。有的菌系致病力较强，在田间青果也可发病。

香蕉炭疽病

【防治方法】①选用高产优质抗病品种。②及时清除和烧毁病花、病轴、病果，并在结果初期套袋，可减少病害发生。③香蕉断蕾后开始喷药，每隔10～15天喷1次，连喷2～3次。药剂可选用：50%施保功（咪鲜胺锰盐）可湿性粉剂1 000～1 500倍液，80%代森锰锌可湿性粉剂800～1 000倍液，50%多菌灵可湿性粉剂500～800倍液。果实采收后用45%特克多悬浮剂500～1 000倍液浸果1～2分钟，可减少贮运期间烂果。④花芽分化后期注意补充中微量元素肥，不施无机氮肥。

香蕉炭疽病

香蕉炭疽病

香蕉炭疽病

香蕉炭疽病显梅花点

香蕉炭疽病显梅花点

粉蕉炭疽病

粉蕉炭疽病后期症状　　　　　　　　　　　贵妃蕉炭疽病

3. 香蕉黑星病

【症状】主要为害叶片和青果。叶片发病，叶面及中脉上散生或群生许多凸起的小黑粒，后期小黑粒扩大成片布满叶片，周围叶褪绿呈淡黄色，然后叶片变黄而凋萎。青果发病，初期在果指弯腹部分，严重时全果果面出现许多小黑粒，随后许多小黑粒聚集成堆，使果面粗糙。果实成熟时，在每堆小黑粒周围形成椭圆形或圆形的褐色小斑，不久病斑呈暗褐色或黑色，周围呈淡褐色，中部组织腐烂下陷，其上的小黑粒突起。

【病原】*Phyllosticta musarum* (Cke.) Petr.= *Macrophoma musae* (Cke.) Berl. et Vogl.，称香蕉叶点霉菌，属半知菌亚门真菌。

【发生规律】病菌的菌丝体和分生孢子在病部和病残体越冬。翌年分生孢子借雨水溅射传播到叶片和果实上，侵入为害，产生分生孢子继续传播，进行再侵染。高温多雨季节发病严重，密植、高肥、荫蔽、积水的蕉园发病严重。香蕉、贡蕉高度感病，粉蕉次之，大蕉抗病。

【防治方法】①经常清除病叶残株，增施钾肥、中微量元素肥与有机肥，花芽分化后避免多施无机氮肥，雨季及时排除积水，预防病害发生。②叶片发病初期，果穗套袋前后喷杀菌剂杀菌。喷药间隔10～15天，连喷2～3次。夏秋季节高温期、挂果期应注意安全用药，可适当降低用药浓度，同时避免喷及蕉果，避免对蕉果产生药害。药剂可选用：250克/升吡唑醚菌酯（凯润）乳油1 000～2 000倍液，40%咪鲜胺·戊唑醇水乳剂800～1 000倍液，75%戊唑醇·肟菌酯水分散粒剂1 500倍液，250克/升苯醚甲环唑（势克）乳油1 000～1 500倍液，25%苯醚甲环唑1 000～1 500倍液等。喷病叶或果实，重点喷果实。③果实套袋，减少病菌感染。④每隔3～5年轮作非芭蕉科作物，适当疏植。

香蕉黑星病为害香蕉果指弯背部症状　　　　　香蕉黑星病为害香蕉果指弯腹部症状

香蕉黑星病果为害粉蕉近成熟果症状

香蕉黑星病果为害成熟果症状

香蕉黑星病为害叶片初期症状

香蕉黑星病为害叶片初期症状

香蕉黑星病为害叶片中期症状

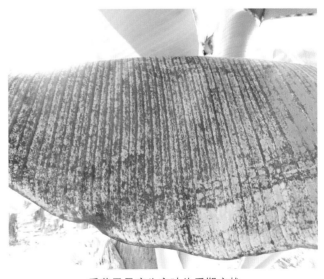

香蕉黑星病为害叶片后期症状

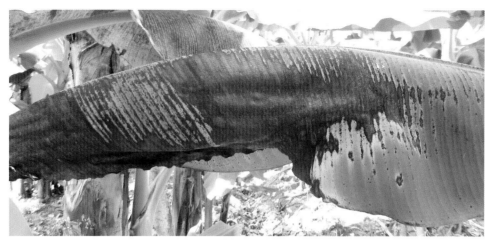

香蕉黑星病为害叶片后期症状

4. 香蕉冠腐病

【症状】香蕉冠腐病是果实采后的重要病害。首先蕉梳切口出现白色棉絮状霉层并开始腐烂，继而向果身扩展，病部前缘水渍状，暗褐色，蕉指散落。后期果身发病，果皮爆裂，上长白色棉絮状菌丝体。果僵硬，不易催熟转黄，食用价值低。

【病原】导致冠腐病的真菌涉及近10个属，广东主要为镰刀菌引起，有串珠镰孢 *Fusariun moniliforme* Sheldon、双孢镰孢 *Fusarium dimerum* Penzig、半裸镰孢 *Fusarium semitectum* Berk. et Rav、亚黏团串珠镰孢 *Fusarium moniliforme* var. *subglutinans* Wollenw. et Reink.，其中以串珠镰孢菌为主。均属半知菌亚门真菌。

【发生规律】病原从伤口侵入，采收时去轴分梳以及包装运输时造成的伤口，在高温高湿情况下，极易发病。

【防治方法】①尽量减少采收、脱梳、包装、运输各个环节的机械伤。②采后包装前要及时进行药物处理。药剂可选用：50%多菌灵600～1 000倍液（加高脂膜200倍液兼防炭疽病），50%咪鲜胺锰盐可湿性粉剂1 000～2 000倍液以及50%双胍辛胺可湿性粉剂1 000～1 500倍液等。或浸果1分钟捞起晾干，然后进行包装、贮运，减少本病害发生。③抽蕾后及时除花套袋。

香蕉冠腐病

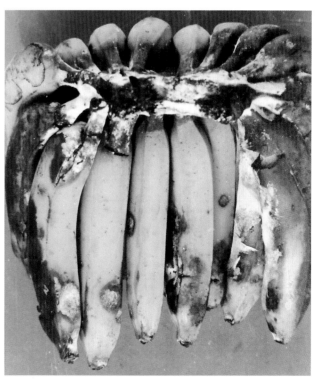

香蕉冠腐病（高乔婉提供）

香蕉冠腐病

香蕉冠腐病

5.香蕉黑腐病

【症状】贮运期病害。果柄或果部先发病,病部变黑,最终全果变黑。表面密布无数小黑点,潮湿条件下,病部生长出灰绿色菌丝体。果皮革质,果肉腐烂,散发出芳香气味。

【病原】*Botryodiplodia theobromae* Pat,属半知菌亚门,壳色单隔孢属真菌。

【发生规律】初侵染源来自田间或采后处理场所,病原菌分生孢子可在蕉疏切口、果身伤口侵入果实。分生孢子靠雨水、昆虫或人为传播。高二氧化碳、低氧的环境条件下不利于病害发展,高温、高湿条件下利于病害发生。

【防治方法】参照冠腐病的防治。

香蕉黑腐病后期症状

香蕉黑腐病后期症状

香蕉黑腐病后期症状

6.香蕉煤烟病

【症状】香蕉叶片、果实生长后期果面布满黑色霉菌层。

【病原】*Capnodium mangiferae* P. Henn，属子囊菌亚门，煤炱属真菌；*Cladosporium herbarum* (Pers.) Link，属半知菌亚门，芽枝霉属真菌。前者称煤病，后者称烟霉病。两者合称煤烟病。

【发生规律】病菌的分生孢子或菌丝体，常随同蚜类、蜡蝉等分泌的蜜露黏附在叶片或果实上，形成一层黑霉状物覆盖在叶、果面上。该病终年可发生，发生轻重与上述昆虫密切相关。树龄大、荫蔽、管理差的果园发生严重。

【防治方法】①及时防治堆蜡粉蚧、埃及吹绵蚧等介壳虫，以及蜡蝉等害虫，可减轻煤烟病发病程度。②已经发生煤烟病的果园，可在冬春清园期割除病叶，并喷布95%机油乳剂150～250倍液、99%矿物油100～150倍液或松脂合剂8～10倍液清除煤污。③发病时可喷施25%吡唑醚菌酯乳油1 500～2 000倍液或25%嘧菌酯悬浮液1 500～2 000倍液防治。④果实套袋（无纺布、纸袋），减少病菌感染。

香蕉煤烟病为害香蕉叶状

香蕉煤烟病为害香蕉叶状

香蕉煤烟病为害粉蕉果状

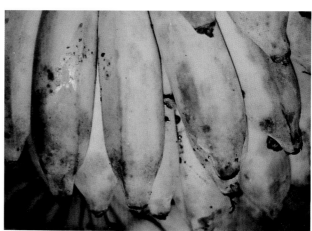

香蕉煤烟病为害粉蕉果状

香蕉煤烟病为害粉蕉

香蕉煤烟病为害粉蕉果状

香蕉煤烟病为害大蕉果状

7.香蕉果指顶腐病

香蕉果指顶腐病又称香蕉烟头病、雪茄顶腐病。

【症状】主要为害青果，在一支果梳上可有1个、多个甚至所有的果指受害。初期症状是果指顶的皮层局部变暗和皱缩，变暗区周边有一条黑带，在病健交界处有一条狭窄的褪绿区。后期果肉变干或呈纤维状，在病部表面出现灰色粉状孢子堆。

【病原】*Verticillium theobromae*（Turess）Mason et Hughes，称可可轮枝菌。

【发生规律】病菌的分生孢子由气流传播，侵染正在变干的花器，并随病斑扩展进一步深入。常发生在管理粗放、果实未抹花喷药套袋的蕉园。

【防治方法】①加强蕉园管理，在果实套袋前去掉雄蕾，抹掉花器。②在发病时可喷施25%吡唑醚菌酯乳油1 500～2 000倍液或25%嘧菌酯悬浮液1 500～2 000倍液防治。③果实套袋（无纺布、纸袋），减少病菌感染。

香蕉果指顶腐病为害香蕉状

香蕉果指顶腐病

粉蕉果指顶腐病

香蕉果指顶腐病

8. 香蕉叶斑病

（1）香蕉黑叶斑病 又称香蕉黑条叶斑病、假尾孢菌叶斑病。

【症状】发病初期叶面出现暗褐色条斑，然后扩大呈条斑或梭斑。中央呈灰白色，周边呈暗褐色。两端稍尖，病斑外有黄晕，严重时形成大斑，叶片黑褐色枯死。

【病原】*Mycosphaerella fijiensis* Morelet，称斐济球腔菌；无性阶段 *Pseudocercospora fijiensis*（Morelet）Deighton，称斐济假尾孢，属半知菌亚门真菌。

【发生规律】病菌以菌丝体和分生孢子在病部或病残物上越冬。在温度适宜的高温季节，分生孢子靠风雨传播。在珠江三角洲每年5月初见发病，6～7月高温多雨，病情迅速加重，8～10月病害进入高峰期，10月底以后随降雨减少和气温下降，病害发展速度减慢。每年发病的严重程度与降水量、雾及露水关系密切。凡过度密植、偏施氮肥、排水不良、土壤潮湿以及象鼻虫严重为害的蕉园发病严重。在香蕉品种中大蕉较易感病。

【防治方法】①实行配方施肥，避免偏施氮肥，适当增加磷钾肥。及时排除蕉园积水，割除下部病叶。

②每隔3～5年轮作非芭蕉科作物，适当疏植。③5～10月风雨季节及时喷药保护，预防感染。药剂可选用：高效低毒或无污染的生物农药如25%丙环唑（敌力脱）乳油1 000～1 500倍液，10%苯醚甲环唑（世高）水分散粒剂1 000倍液，40%灭病威悬浮剂600～800倍液，80%代森锰锌800倍液，12.5%腈菌唑1 500倍液，70%甲基硫菌灵可湿性粉剂800倍液，25%吡唑醚菌酯悬浮剂1 000倍液，250克/升吡唑醚菌酯（凯润）乳油3 000倍液等。每隔10～15天1次，连续2～3次。

大蕉黑叶斑病初期症状

大蕉黑叶斑病初期症状

大蕉黑叶斑病中期症状

大蕉黑叶斑病中期症状

大蕉黑叶斑病后期症状

大蕉黑叶斑病后期症状

（2）香蕉黄叶斑病　又称香蕉褐缘灰斑病。

【症状】发病初期病斑短杆状，暗褐色，后扩展为长椭圆形斑，病斑中央灰色，周边黑褐色，大多单独存在，近叶缘表面病斑数量比近中脉的多。病斑上产生稀疏的灰色霉状物。大量病斑出现后，叶片迅速早衰变黄枯死。香牙蕉较易感病，大蕉、粉蕉、龙牙蕉耐病。

【病原】*Pseudocercospora musae* (Zimm.) Deighton，称香蕉尾孢菌，属半知菌亚门真菌。

【发生规律】病菌以菌丝体和分生孢子在病部或病残物上越冬。在温度适宜的高温季节，分生孢子靠风雨传播。春秋两季气温在27℃左右、高湿度条件下发病较严重。每年发病的严重程度与降水量、雾及露水关系密切。凡过度密植、偏施氮肥、排水不良、土壤潮湿以及象鼻虫严重为害的蕉园发病严重。在香蕉品种中香蕉较大蕉感病，粉蕉较耐病。

【防治方法】参照香蕉黑叶斑病防治。

香蕉黄叶斑病（高乔婉提供）

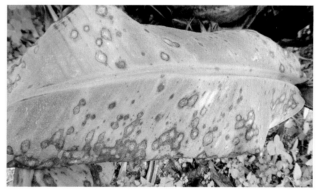
香蕉黄叶斑病

香蕉黄叶斑病后期枯黄

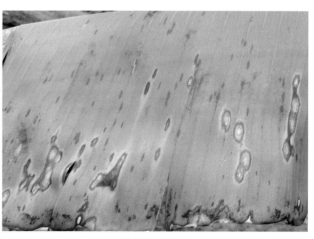
大蕉黄叶斑病

一、香蕉病害

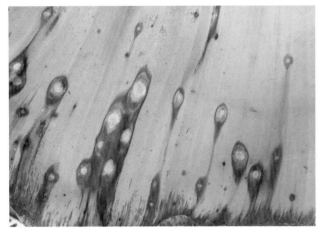

大蕉黄叶斑病   大蕉黄叶斑病后期枯黄

（3）香蕉叶灰纹病　又称暗双孢霉叶斑病。

【症状】发病初期叶面出现椭圆形褐色小斑，然后扩大为两端略尖的长椭圆大斑。中央呈灰褐色至灰色，周边呈褐色。近病斑的周缘有不明显的轮纹，病斑外绕有明显的黄晕，病斑背面有灰褐色霉状物。即分生孢子梗和分生孢子。

【病原】*Cordana musae* (Zimm.) Höhn，称香蕉暗双孢霉菌，属半知菌亚门真菌。

【发生规律】病菌以菌丝体和分生孢子在病部或病残物上越冬。在温度适宜的高温季节，分生孢子靠风雨传播。高温高湿季节，叶片潮湿时易感病。

【防治方法】参照香蕉黑叶斑病防治。

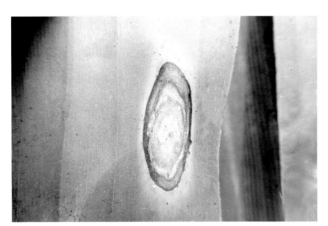
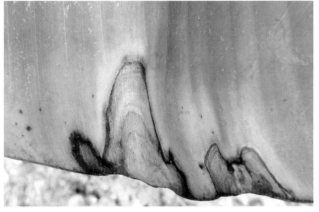

香蕉叶灰纹病   香蕉叶灰纹病

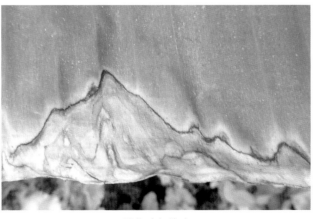

香蕉叶灰纹病   香蕉叶灰纹病

香蕉叶灰纹病后期症状　　　　　　　　　　　　香蕉叶灰纹病后期症状

（4）**香蕉叶煤纹病**　又称小窦氏霉叶斑病。

【症状】病斑多出现在中下部叶缘，短椭圆形，褐色，斑面轮纹较明显，故也称轮纹病，多发生在叶缘。病健部分界明显，潮湿时病斑背面可见许多黑色霉状物。大蕉常见典型病斑。

【病原】*Deightoniella torulose* (Syd.) M. B. Ellis，称香蕉小窦氏霉菌，属半知菌亚门真菌。

【发生规律】与香蕉叶灰纹病同。

【防治方法】参照香蕉黑叶斑病防治。

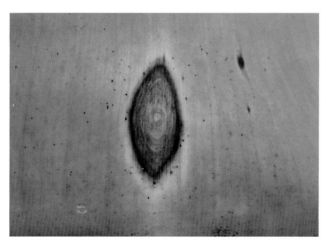

香蕉叶煤纹病　　　　　　　　　　　　　　　　香蕉叶煤纹病

香蕉叶煤纹病　　　　　　　　　　　　　　　　香蕉叶煤纹病

香蕉叶煤纹病　　　　　　　　　　　　　　　香蕉叶煤纹病后期症状

（5）香蕉叶缘枯斑病　又称香蕉链格孢叶斑病。

【症状】病菌初期在叶片叶缘开始侵入，然后向中脉方向扩展3～5厘米，在叶缘产生不规则形褐斑。后病斑向中脉方向扩展，变成片状褐色枯斑，中央灰褐色，斑边扩展形似山峰。湿度大时，病斑两面产生褐色或灰褐色霉状物。

【病原】*Alternaria alternata* (Fr.) Keissl.，称链格孢菌，属半知菌亚门真菌。

【发生规律】在病株残体上越冬的菌丝体、孢子为初侵染源。田间多年生吸芽发病偏重，新植蕉发病轻。香蕉生长后期发病重，前期发病轻。香蕉比大蕉、粉蕉易感病。

【防治方法】①选择园地时，要选无废气源的地方。②加强肥水管理及其他叶斑病的防治。抽蕾后可喷些光合作用促进剂（如高利达Ⅳ），以及营养剂（如核苷酸、叶面宝等），提高健叶的活力，以弥补叶面积减少造成的不良后果。

香蕉叶缘枯斑病　　　　　　　　　　　　　　香蕉叶缘枯斑病

香蕉叶缘枯斑病　　　　　　　　　　　　香蕉叶缘枯斑病后期症状

（6）香蕉梨孢菌叶斑病 又称叶瘟病或褐纹病，是大棚香蕉组培苗假植期间的常见病害。

【症状】发病多从蕉苗的下部叶片开始，初期病斑为锈红色小点，逐渐扩展为中央浅褐色或灰褐色的眼斑，略呈棱形、斑内有轮纹。潮湿时，病斑产生灰霉状物。

【病原】*Pyricularia grisea* (Cke.) Sacc.，称灰梨孢菌。*Pyricularia angulata* Hashioka.，称角斑梨孢菌，属半知菌亚门真菌。

【发生规律】棚内未清理干净的病株残体及大棚周围的一些禾本科杂草是该病的主要初侵染源。分生孢子借风力或棚内淋水传播，形成再侵染。分生孢子在叶面有水膜的情况下极易萌发，潜育期一般为7～10天，温暖条件下易发病。

【防治方法】①育苗棚假植前，彻底清除棚内病株残体，用石灰氮全面熏蒸消毒。并注意清除大棚周围的杂草。②育苗时不宜过度密植，大苗应及时移疏。③增施钾肥，降低温度，逐步加强光照，提高植株抗病力。④蕉叶始见病斑时开始施药，之后定期喷药防治。药剂可选用：25%丙环唑（敌力脱）乳油1 000～1 500倍液，10%苯醚甲环唑（世高）水分散粒剂1 000倍液，25%吡唑醚菌酯悬浮剂1 000倍液，70%甲基硫菌灵可湿性粉剂800倍液，50%多菌灵可湿性粉剂600～800倍液，20%三环唑可湿性粉剂1 000～1 500倍液，40%灭病威悬浮剂400倍液等。

香蕉苗感染香蕉梨孢菌叶斑病

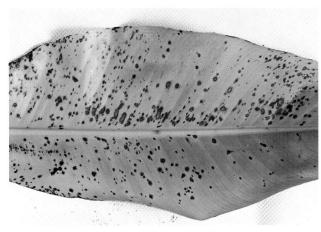

香蕉苗感染香蕉梨孢菌叶斑病

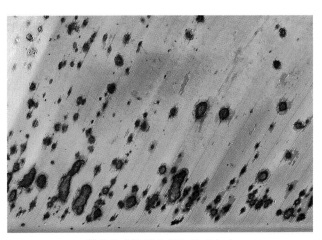

香蕉苗感染香蕉梨孢菌叶斑病

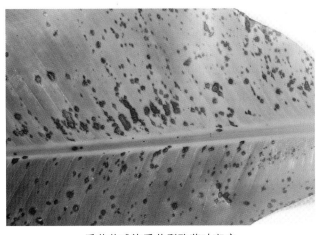

香蕉苗感染香蕉梨孢菌叶斑病

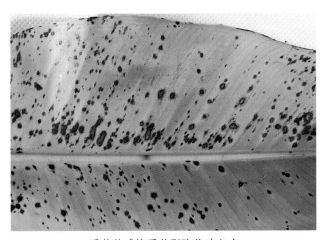

香蕉苗感染香蕉梨孢菌叶斑病

香蕉梨孢菌叶斑病　　　　　　　　　　　　　　　　　香蕉梨孢菌叶斑病

（7）香蕉弯孢霉叶斑病　大棚组培苗发生的病害。

【症状】发病初期于叶缘或中脉边缘出现褐色小点，然后逐步扩展为褐色圆形或椭圆形褪绿斑，中间灰白色，边缘暗褐色，边缘外有淡黄色晕圈。病斑正背两面着生灰色霉层。

【病原】*Curvularia lunata*（Wakker）Boed.，称弯孢霉菌，属半知菌亚门真菌。

【发生规律】病株残体为初侵染源。一般4月开始发病，6～7月是病害盛发期，高温高湿有利于病害发生。

【防治方法】参照香蕉梨孢菌叶斑病防治。

香蕉弯孢霉叶斑病　　　　　　　　　　　　　　　　　香蕉弯孢霉叶斑病

*9.*香蕉细菌性枯萎病

【症状】香蕉细菌性枯萎病是香蕉检疫性病害。各发育阶段均感病。幼年植株感病，迅速萎蔫而死亡；成株期感病，首先内部叶片近叶柄处变污黄色，叶片萎蔫而死亡，同时从里到外的叶片逐渐干枯，叶鞘变黑。感病植株若开始结果，则果实停止生长，香蕉畸形，变黑皱缩，花穗腐烂；若近成熟的果实感病，外部没有症状，果肉变色腐烂。感病假茎横切面可见维管束变绿黄色至红褐色，甚至黑色，尤其是里面叶鞘和果柄、假茎及单个香蕉上均有暗色胶状物质及细菌菌脓。香蕉果肉最终当果皮开裂后形成灰色干腐的硬块。本病与香蕉镰刀菌枯萎病（即枯萎病、巴拿马病）的内部症状常相混淆，诊断时必须仔细观察内部和外部症状，结合病原菌的分离。巴拿马病最初发病是最老的叶片或最低位的叶片开始变黄、萎蔫而变褐，然后扩展至内部叶片，果实上没有症状。而本病往往顶部第三张叶片变黄或淡绿色，后扩展至其他部位，且果实上有症状。

【病原】*Ralstonia solanacearum* (E. F. Smith) Smith (Race 2)，是茄青枯拉尔氏菌2号生理小种。或 *Xanthomons campestris* pv. *musacearum*，是野油菜黄单胞芭蕉致病变种。属于细菌性病害。

【发生规律】香蕉细菌性枯萎病菌主要在病残植株、繁殖材料如根茎等上越冬，病菌在土壤中存活可达18个月。病原小种2通过土壤、水、带菌根茎、病土、病果、修剪的刀具及移栽时污染的工具等传播，昆虫传播是其中一个重要的传播途径。而其余小种传播的主要途径是通过如马铃薯块茎等繁殖材料，自然传播概率较小。病菌通过伤口侵入根系维管束或由昆虫侵入花序维管束，沿着木质部导管扩散至薄壁细胞，溶解细胞壁，积累细菌引起萎蔫。高温高湿，尤其是土壤湿度大，利于病菌繁殖，台风雨造成植株伤口，病菌随风雨扩散，导致此病流行。

【防治方法】①严格执行检疫制度。②种植无病健壮组培苗，或不带病的吸芽。③发现病株，及时挖除，植穴施石灰消毒。不连作。④发现零星病株时，可用下列药剂淋灌根部：70%噁霉灵可湿性粉剂1 000 ~ 2 000倍液，30%氧氯化铜悬浮剂600倍液，23%络氨铜水剂600倍液，20%噻菌铜（龙克菌）悬浮剂500 ~ 600倍液。每隔5 ~ 7天淋1次，连续淋2 ~ 3次。

粉杂1号细菌性枯萎病果穗果指不饱满，果指腐烂

粉蕉细菌性枯萎病果穗果指不饱满，果指腐烂

粉蕉细菌性枯萎病果穗果指不饱满

香蕉细菌性枯萎病横切面可见维管束变褐色

香蕉细菌性枯萎病病果外表完好

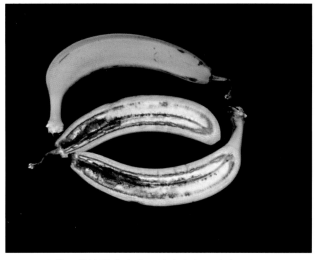

香蕉细菌性枯萎病病果外表完好，心变黑褐色

香蕉细菌性枯萎病病果外表完好，心变黑褐色

*10.*香蕉细菌性鞘腐病

香蕉细菌性鞘腐病又称香蕉水肿病。

【症状】感染植株不会出现新叶花斑，只是叶片变黄，叶鞘腐烂并长期湿润。鞘腐病严重后会导致植株抗性下降，引起复合感染，如鞘腐病与枯萎病复合感染导致植株死亡。

【病原】*Pantoea agglomerans*，属于细菌性病害。

【发生规律】病菌从根部侵入导管，产生毒素，使维管束坏死。全株枯死后，病菌在土壤中营腐生生活几年甚至20年。蕉苗、土壤、流水、农具均可带病菌传播。有明显的发病中心。一般雨季（5～6月）感病，10～11月达到高峰期。排水不良及伤根会促进该病的发生。

【防治方法】①选用抗病品种，种植无病苗。②鞘腐病多在移栽后发生，可以通过药剂防控。除苗期定期喷施防治药剂外，对已经发病的植株，先将发病叶片割除，然后用2%春雷霉素可湿性粉剂2 000倍液，23%络氨铜水剂400倍液，30%氧氯化铜悬浮剂400倍液，20%农用链霉素可湿性粉剂3 000倍液。7～15天喷1次，连喷2～3次。喷2%春雷霉素（加收米）液剂500倍液+25%苯醚甲环唑乳油2 000倍液，防治效果更好。

香蕉细菌性鞘腐病植株

香蕉细菌性鞘腐病

大蕉细菌性鞘腐病

粉蕉细菌性鞘腐病

粉杂1号细菌性鞘腐病、轴腐病

大蕉细菌性鞘腐病假茎症状

大蕉细菌性鞘腐病叶片症状

红香蕉细菌性鞘腐病

香蕉细菌性鞘腐病花蕾症状

11.细菌性软腐病

主要分布于温带、亚热带和热带地区，是一种典型的土传病害，寄主范围广，可以为害马铃薯、水稻、香蕉和大白菜等。该病在世界上大部分蕉区有危害，我国主要蕉区也有发生，且在部分蕉区已是粉蕉的主要病害。

【症状】苗期感染粉蕉后表现为烂头症状，感染后的粉蕉新叶抽出后有明显的坏死斑。营养生长期和挂果后发病，还表现出叶黄和爆头的症状，与枯萎病症状类似。但软腐病的一个最大特点是病原菌在球茎和假茎中为害，导致组织腐烂，因此抽出新叶会表现出症状。轻度感染时新叶抽出有花斑，中度感染时新叶腐烂并引起植株上部叶黄。有些植株则直接从基部断裂后倒在地头。切开球茎和假茎后可以看到明显的腐烂痕迹，有些有臭味。

【病原】*Erwinia chrysanthemi* pv. *paradisiacal*（Victoria & Barros）（Dickey & Victoria），称菊欧文氏杆菌香蕉致病变种；*Pectobacterium carotovora*，称胡萝卜软腐果胶杆菌；*Dickeya zeae*，称玉米狄克氏菌。均可引起该病发生，属于细菌性病害。

【发生规律】根据国家香蕉产业技术体系专家的研究，香蕉细菌性软腐病菌在土壤中的存活期比较短，目前主要通过种苗传播。而一般苗场并未注重软腐病菌的防控，导致软腐病菌在组培苗假植期间侵染。由于病原菌潜伏期长，当种苗移栽到田间并长到一定高度时才开始发病。该病早期无症状，发病后传播速度快，田间一旦发病，防控难度极大。

【防治方法】①重点是加强苗期的定期药剂预防，假植苗移栽前用内吸性杀菌剂噻菌铜淋根一次，移栽可用链霉素、井冈霉素等加入定根水灌根。定植后发现有病，7～10天淋根1次，连淋2～3次喷蕉头防治。药剂可选用：2%春雷霉素可湿性粉剂2 000倍液，23%络氨铜水剂400倍液，30%氧氯化铜悬浮剂400倍液，20%农用链霉素可湿性粉剂3 000倍液，50%春雷王铜可湿性粉剂800～1 000倍液等。②发病严重的蕉园改种抗病的海贡蕉（皇帝蕉）。

香蕉细菌性软腐病

香蕉细菌性软腐病

粉蕉细菌性软腐病发病后抽出新叶出现典型的花斑症状

香蕉细菌性软腐病

粉蕉细菌性软腐病球茎腐烂有臭味

粉蕉细菌性软腐病发病后抽出新叶出现典型的花斑症状

粉蕉细菌性软腐病新叶出现花叶和枯死

粉蕉细菌性软腐病出现花叶枯死腐烂

粉蕉细菌性软腐病球茎腐烂有臭味

粉蕉细菌性软腐病假茎心腐

粉蕉细菌性软腐病第三叶黄化

粉蕉细菌性软腐病上部叶黄枯

粉蕉细菌性软腐病新叶白斑烂叶

香蕉细菌性软腐病新叶发黄

| 粉蕉细菌性软腐病假茎横切面细菌脓 | 粉蕉细菌性软腐病球茎切面 |

12. 香蕉根结线虫病

【症状】主要为害香蕉根部，在细根上形成大大小小的根瘤（根结），在粗根的末端膨大呈鼓槌状或呈纵长弯曲状，须根少，黑褐色，严重时表皮腐烂。切开病根可镜检到白色、褐色梨形雌虫和充满卵粒的胶质卵囊，受侵部位形成巨型细胞，韧皮部大量组织坏死，木质部特别膨大，导管阻塞。地上部初期症状不明显，一般表现为植株矮小，叶片失绿无光泽或呈暗黄绿色，常显现出由中脉向叶缘方向逐渐变黄色，严重时叶片中部还会出现不规则形的褪绿黑斑；后期严重者叶片黄化、枯萎，抽蕾困难，果实瘦小，植株早衰。发病植株容易诱发香蕉枯萎病。

【病原】香蕉根结线虫由根结线虫属的多种线虫寄生所致，其中以南方根结线虫 *Meloidogyne incognita* (Kofoid & White) Chitwood 和爪哇根结线虫 *M. javanica* (Treub) Chitwood 为优势种群，此外，还有花生根结线虫 *M. arenaria* (Neal) Chitwood，在各香蕉产区均有分布。香蕉根结线虫的寄主范围很广，除香蕉外，还侵染柑橘、西瓜、茄子、番茄等多种作物。

【发生规律】香蕉根结线虫主要以卵、二龄幼虫及雌虫在土壤和病根内越冬，以二龄幼虫侵染香蕉嫩根，寄生于根部皮层与中柱之间，刺激细胞过度生长和分裂，致使根部形成大小不等的根结。幼虫在根内发育成三、四龄幼虫和雌、雄成虫，成熟雌虫产卵到露在根外的胶质卵囊中，卵囊遇水破裂，卵散落到土壤中，成为再侵染源。病苗和病土是远距离传播的主要途径，水流是近距离传播的重要媒介，带病肥料、农具以及人畜活动等都是传病要素。

香蕉根结线虫的发生发展与土壤质地、温度、湿度、前作、香蕉生长期和果园的栽培管理水平有很大关系。一般沙质土发病比黏质土重；温度在 25 ~ 30℃、土壤湿度在 40% ~ 60% 病害发生重；前作是番茄、黄瓜、西瓜等感病作物的发病重；香蕉苗期发病重，果园管理粗放、植株抗耐病能力差，发病重。

【防治方法】①培育无病苗，是防治香蕉根结线虫的关键环节。选用无病基质（椰糠、泥炭土），地面铺设塑料薄膜，育苗可减少苗期发病，防止病害扩散蔓延。②对发病严重的蕉园，轮作水稻等水生作物 1 ~ 2 年，可减少病虫源。在种植香蕉时，提前一两个月翻耕土壤，撒石灰氮，淋水后覆盖地膜熏蒸消毒，可减轻发病。③及时清除病残根，增施有机肥和合理灌溉，促进新根生长，增强植株抗病能力。④药剂防治。定植时在蕉苗四周撒施杀线虫药剂。在生长期若发现受根结线虫为害，可用0.5%阿维菌素颗粒剂（利根砂）沟施、穴施或撒施，每667米²用3～5千克。因利根砂是利用有机质吸附型颗粒载体，结合缓释工艺，杀线虫持久，能保护根系免受危害。此外，还可用10%噻唑膦颗粒剂1.5～2千克，拌土撒施、沟施或穴施。

香蕉根结线虫为害植株矮小，叶片黄化，出现不规则形的褪绿黑斑

香蕉根结线虫为害植株矮小，叶片黄化，出现不规则形的褪绿黑斑

香蕉根结线虫为害根状

香蕉根结线虫为害根状

香蕉根结线虫为害根状

香蕉根结线虫为害根状

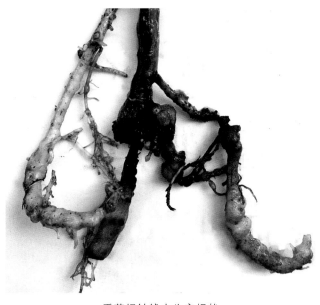

香蕉根结线虫为害根状

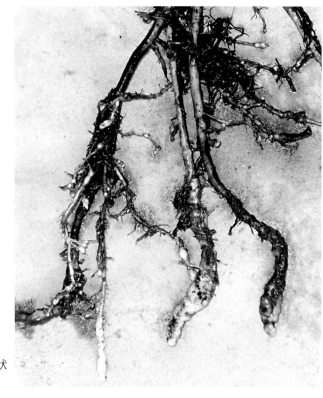

香蕉根结线虫为害根状

13. 香蕉束顶病

香蕉束顶病又称丛顶病，蕉农俗称蕉公。

【症状】病叶背面沿侧脉和叶柄或主脉基部出现一些深绿色的条纹，叶片较直立，叶缘明显失绿，后变枯焦，新叶越抽越小且成束，植株矮缩。病株一般生长缓慢，矮化，不抽蕾挂果。若抽蕾，所结的果畸形细小，味淡，无经济价值。病株根尖变红紫色，无光泽，大部分根腐烂或变紫色，不发新根。病株最后枯死。深绿色条纹，俗称青筋，是此病早期诊断最可靠的特征。

【病原】香蕉束顶病毒 *Banana bunchy top virus*（BBTV），属黄矮病毒组群 *Luteo virus* 的一个成员。

【发生规律】蕉苗传带病毒。新区或无病区发病是带毒吸芽苗引起。近距离传染媒介是交脉蚜，病害的发生与交脉蚜的发生呈正相关。凡干旱少雨年份，交脉蚜繁殖数量多，则病害发生严重。反之则少发生。此外，此病与品种抗病性有关，香蕉最易感病，粉蕉和大蕉抗病力较强。

【防治方法】①种植无病健康的组培苗。②及时防治传播媒介香蕉交脉蚜（见香蕉交脉蚜的防治）。③病株杀蚜虫后及时挖除，在旁边补种健苗或旁株留双芽。

香蕉束顶病为害初期症状

香蕉束顶病为害症状

香蕉束顶病为害症状

香蕉束顶病植株变矮，叶缘枯焦

香蕉束顶病叶柄中脉出现绿色条纹

香蕉束顶病叶片中脉与侧脉出现绿色条纹

香蕉束顶病果穗

香蕉束顶病根变紫色腐烂

抽蕾期香蕉束顶病症状

香蕉束顶病吸芽症状

香蕉束顶病传播媒介——香蕉交脉蚜

香蕉束顶病传播媒介——香蕉交脉蚜

14. 香蕉花叶心腐病

香蕉花叶心腐病又称黄瓜花叶病。

【症状】一般是花叶和心腐同时发生于一株，但有时也仅发生花叶或心腐。病株的叶片出现断断续续或长短不一或呈梭状褪绿的黄色条斑或梳状圆斑，随后变为黄褐色或紫褐色，最后呈枯纹或枯斑。病害发生严重时则出现心叶黄化、腐烂。抽蕾时发病的植株，果轴或花苞出现黄色条纹斑，果实出现黑斑点，发育不良，无经济价值。假茎里出现水渍状斑点，以后坏死腐烂，纵切假茎可见病部呈长条状，横切则呈环状斑块。

【病原】是黄瓜花叶病毒香蕉株系 *Cucumber mosaic virus*（CMV），属黄瓜花叶病毒属的病毒。

【发生规律】主要侵染源是田间病株及其吸芽，更多的是感病的寄主植物如葫芦科、十字花科、茄科植物等。病区内传染媒介是棉蚜和玉米蚜等多种蚜虫。嫩弱的香蕉组培苗是易感体。温暖干燥年份的夏秋发病严重，新抽出的幼嫩吸芽以及幼苗易感病。

【防治方法】①严格执行检疫制度。②园地选择避免选前作是蔬菜地。要种植无病的组培苗。③及时防治蚜虫，增施钾肥，不偏施氮肥，以防病传播和增强植株的抗性。④发现病株及时销毁。方法可用除草剂如10%草甘膦10毫升注射病株假茎离地10～40厘米处，3天后开始黄叶、枯死、逐步腐烂，然后挖出病株，就地斩碎、晒干后，搬出园外烧毁。相邻的植株喷杀蚜虫。⑤不间种葫芦科、十字花科、茄科等寄主作物。

香蕉花叶心腐病为害叶出现断续褪绿黄色斑纹

香蕉花叶心腐病为害叶出现断续褪绿黄色斑纹

香蕉花叶心腐病出现心腐

香蕉花叶心腐病出现心腐

香蕉花叶心腐病出现心腐

香蕉花叶心腐病蕾腐花苞出现黄色条纹

香蕉花叶心腐病出现心腐

香蕉花叶心腐病传播媒介——棉蚜

香蕉花叶心腐病传播媒介——棉蚜

15.香蕉线条病毒病

香蕉线条病毒病又称香蕉条纹病、线条病。

该病害于2006年前后在国内发现，是香蕉病毒病，在广东、广西等产区有发生。

【症状】香蕉条纹病毒病的症状类似花叶心腐病，特别是早期阶段，叶片平行侧脉上有褪绿斑，逐渐扩展连成线，再坏死。一般引起的症状会因香蕉品种、病毒体系、环境条件和水肥管理的差异而不同。典型的症状是叶片出现断续或连续的褪绿条纹及梭状条斑，随着病害扩展，可逐渐成为坏死黑色条斑或条纹，条纹病上部叶片和下部叶片都可发病，而且以新叶居多，新叶发病也符合病毒病的特征。假茎、叶柄、果实有时也会出现条纹或坏死黑色条纹症状。感病植株生长慢于正常植株，病株抽蕾后梳数和果数少、产量低。

【病原】*Banana streak virus*（BSV）。属香蕉条斑病毒。

香蕉线条病毒病为害叶初期出现褪绿条纹与褐色条纹

【发生规律】香蕉线条病毒病主要靠无性繁殖材料及粉蚧（主要是柑橘粉蚧*Planococcus citri*和甘蔗粉蚧*Saccharicoccus sacchari*）进行传播，蚜虫和汁液摩擦不能传播。由于柑橘粉蚧的活动能力不强，所以该病不容易近距离传播，带毒的香蕉无性繁殖材料是该病扩散的主要原因。病毒往往整合到香蕉的染色体组，无法脱毒，粉蕉、龙牙蕉等常带毒。病毒发病常受气温和植株营养条件影响。

【防治方法】①加强检疫。选用无病原的原种吸芽经病毒血清检测后进行繁殖种苗，种植无病组培苗。②田间发病严重的植株及时挖除。③田间发病轻微的病株，使用盐酸吗啉胍1 000倍液＋乙蒜素1 000倍液＋70％吡虫啉3 000倍液喷施，同时加强水肥管理，还可以保持一定的产量。

香蕉线条病毒病为害叶后期出现褪绿条纹与黑褐色条纹

香蕉线条病毒病为害叶出现褪绿条纹与黑色条纹

香蕉线条病毒病为害叶出现褪绿条纹与黑色条纹

香蕉线条病毒病为害叶出现褪绿条纹和褐色条纹

粉蕉线条病毒病为害叶出现褪绿条纹和褐色条纹

香蕉线条病毒病传播媒介——粉蚧

（二）非传染性病害

1. 香蕉缺素

（1）香蕉缺氮

【症状】氮是香蕉生长的第一要素。香蕉缺氮时，新叶小而薄，淡绿色至淡黄色。叶鞘、叶柄、中脉带红色，叶片抽生慢。严重缺氮时，老叶片迅速黄化，果穗及果指小，果实风味差。

【防治方法】①缺氮的果园增施有机肥，改良土壤，是保持香蕉生长正常的根本措施。在生长结果期缺氮，应立即施用速效氮。同时，结合叶面喷施氮素。②搞好果园肥灌系统，水施氮肥，避免蕉园积水和肥料流失。③秋冬相交季节，保持土壤疏松、湿润。

香蕉缺氮症状

粉蕉缺氮症状

粉蕉缺氮症状

一、香蕉病害

39

粉蕉缺氮症状

大蕉缺氮症状

（2）香蕉缺钾

【症状】钾是香蕉植株含量最多的元素。缺钾时，新叶正常绿色，叶片向后微卷，老叶的叶尖及叶缘部位首先变黄变黑褐色，随后病叶上部黄化区扩大，变为橙黄色。严重缺钾时，老叶片迅速黄化，果穗的梳数、果数较少，果指瘦小畸形，易裂果。缺钾可导致抗旱、抗寒和抗病力显著降低。

【防治方法】①施用硫酸钾或草木灰矫正土壤缺钾。香蕉是忌氯果树，应避免过多施用氯化钾。已经出现缺钾症状时，可叶面喷布0.4%硝酸钾溶液或98%磷酸二氢钾500～800倍液，还可选用含钾素高的叶面肥，如高能红钾、绿芬威1号等，可迅速矫正。②保持土壤湿润，干旱季节及时灌水，是防止缺钾的一项重要措施。③适当增施钾肥，不能施过量，过量施钾会导致缺镁、缺钙。

香蕉缺钾症状

粉蕉缺钾、缺氮症状

粉蕉缺钾症状

香蕉病虫害原色图鉴

大蕉缺钾症状

大蕉缺钾症状

（3）香蕉缺镁

【症状】缺镁时，叶缘向中脉渐渐变黄色，黄化区常出现枯斑。由于缺镁时，较老器官组织里的镁向正在生长的幼嫩器官转移，以至于老器官缺镁更为突出。

【防治方法】①酸性土壤选用钙镁磷肥，也可施用钙镁肥（含镁石灰）每667米^2 50～65千克，或氧化镁10～20千克。微酸性土壤地区施用硫酸镁。镁肥可混合在有机肥（腐熟厩肥）中施用。②叶面喷施。发生初期或发生较轻的树，可喷布0.4%硝酸镁溶液，或0.5%～1%硫酸镁与0.2%尿素混合液，每隔10～15天1次，连喷3～5次。也可选择含镁的其他叶面肥喷布。③调节土壤酸碱度。使土壤pH提高至5.5～6.0。

香蕉缺镁症状

香蕉缺镁症状

香蕉缺镁症状

<table>
<tr><td>香蕉缺镁症状</td><td>香蕉缺镁症状</td></tr>
</table>

（4）香蕉缺钙

【症状】最初出现症状是幼叶，侧脉变粗，靠近叶中脉更明显。接着靠近叶尖的叶缘间失绿，然后向中脉发展，老叶枯黄。此外，还出现抽出新叶只见叶柄无叶片，或只附少许有缺刻的畸形叶。这是因为香蕉生长变快，体内短暂缺钙所造成，特别是施用大量钾肥后容易出现这种现象。缺钙的植株，根系生长细弱，新根数量明显减少。

【防治方法】①施用石灰或碳酸钙（石灰石粉），石灰施用量一般每株为500～750克。酸性土壤应有计划一年撒施1次，施用石灰可结合松土，将石灰混合在土壤中。②保持土壤湿润，干旱季节及时灌水。缺钙的香蕉园，应控制好氮、钾肥的施用量。施磷肥时多考虑施碱性的钙镁磷肥。③在新叶期叶面喷布0.3%～0.5%的硝酸钙或0.3%的磷酸二氢钙，视缺钙程度决定喷布次数。

香蕉缺钙抽出新叶只见叶柄无叶片或只附少许缺刻畸形叶

粉蕉缺钙抽出新叶缺刻畸形

粉蕉缺钙抽出新叶缺刻畸形

贡蕉缺钙抽出新叶只见叶柄无叶片或只附少许缺刻畸形叶

（5）香蕉缺硼

【症状】表现叶面积变小，叶片卷曲变形，叶背面出现特有的垂直于叶主脉的条纹，新叶片不完整，类似缺钙。

【防治方法】①叶面喷施硼，喷布浓度0.1%～0.2%（500～1 000倍液），亦可选用速乐硼、高纯硼、至信高硼、禾丰硼、金硼液等多种新型硼肥1 200～2 000倍液。②避免过量施用氮、磷、钙肥。但适当施用石灰可降低土壤酸度，有利于香蕉对硼的吸收。③及时抗旱排涝。

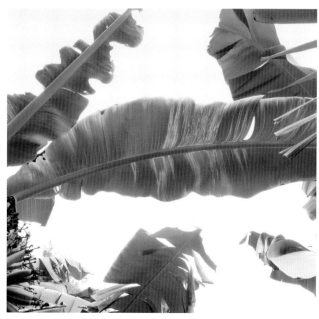

香蕉缺硼出现叶片变形，叶背出现垂直于叶脉的条纹，新叶片不完整

香蕉缺硼出现叶片变形，叶背出现垂直于叶脉的条纹，新叶片不完整

粉蕉缺硼出现叶片变形，叶背出现垂直于叶脉的条纹，新叶片不完整

（6）香蕉缺硫

【症状】缺硫表现在幼叶上，叶片失绿变成黄白色。严重时叶缘会出现坏死斑点，侧脉稍变粗，有时出现没有叶片的叶子，类似缺硼和缺钙。缺硫还会抑制香蕉的生长，果穗长得很小或抽不出来。

【防治方法】可施含硫的肥料，如硫酸铵、硫酸钾，或单施硫黄。

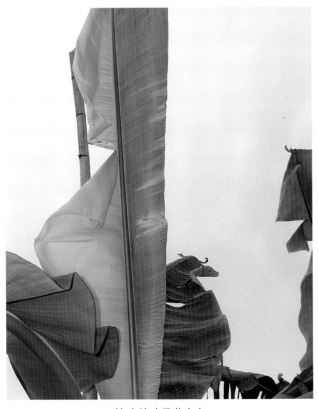

缺硫幼叶呈黄白色

香蕉缺硫夏天长出幼叶黄白色，叶缘出现坏死斑

(7) 香蕉缺锌

【症状】缺锌多发生在碱性土或施石灰过多的土壤上，锌的溶解度低而不易被吸收，致使缺锌。土壤高磷高钾会加剧缺锌。主要表现为幼叶显著变小，叶片呈披针形，叶片展开后出现交错失绿。果实有时出现扭曲并呈浅绿色。

【防治方法】①叶面喷施，喷布0.5%的硫酸锌见效快。②应控制好磷、钾肥的施用量。

(8) 香蕉缺铁

【症状】表现在幼叶上，最常见是整个叶片失绿变成黄白色，或仅留叶脉绿色。失绿程度受季节影响，春秋季比夏季严重，干旱天气更明显。

【防治方法】在新叶期叶面喷布0.5%的硫酸亚铁矫治。铁含量过高会使叶边缘烧焦或出现黑色坏死，因此喷药要控制好浓度。

(9) 香蕉缺磷

【症状】香蕉需要磷量较少，只要土壤磷的含量达0.001%～0.002%时就可正常生长，在一般土壤中不会缺磷。当缺磷时，新叶初呈墨绿色和叶缘出现紫褐斑，继而呈锯齿状坏疽，新叶长得缓慢，果梳小，果指短。

【防治方法】①合理施用磷肥。磷的施用量应按土壤缺磷状况而定。②可在新叶期叶面喷布0.5%～1.0%过磷酸钙浸出液，0.3%～0.5%磷酸二氢钾溶液，或98%磷酸二氢钾500～800倍液防治。

2.自然灾害

(1) 香蕉风害

【症状】台风强度小，可以造成植株叶片损伤分裂，影响蕉株正常生长发育，而导致减产；台风强度大，可以造成植株折断或倒伏，导致失收。

【发生规律】香蕉是大型草本植物，叶大易折、根浅质脆、果穗长重，极易受到风害。强风是造成香蕉倒伏的一个主要原因，当风速达20米/秒时即有危害。南方主要香蕉产区位于亚热带季风区，部分地区常受到台风环流大风、短期雷雨大风以及寒潮大风的袭击。特别是8～9月是南方多台风雨季，而此时香蕉大部分已完成孕穗、挂蕾，植株头重脚轻，极易折断和倒伏。

【预防方法】①选择适宜的地方建园，最好在背风向南的地方开园种蕉。种植抗风性强的品种，台风较多的地区可选择抗风性强的矮中秆品种，风害少的地方可选择中高秆品种。②选择适宜的种植期。台风较多的地区选择春夏种植，即4～7月种植，台风季节是5～9月，植株10月后才抽蕾，可避开台风季节挂果，减少风害对植株的影响。③台风较多的地区可以营造防风林、搭防风架、立防风柱，台风少的地区可以通过立柱或拉绳防风抗倒伏。④台风来袭前要及时培土、增施钾肥和有机肥、避免多施氮肥、防治香

香蕉轻度风害出现叶裂

2017年2月大蕉轻度冷风害出现叶裂果伤

蕉象甲等可以增强香蕉的抗风性。⑤割叶，在确定台风登陆地点和走向时每片叶割掉1/3 ~ 1/2，减少风的阻力，可减少折叶、扭秆、折干、倒伏。⑥风害过后要抓紧清园，扶正植株，砍掉倒折的植株；培育吸芽快速生长，加强肥水管理，加强病虫害的防治。⑦购买风害保险。

2012年8月湛江市香蕉受"启德"台风严重危害出现倒伏

2012年8月湛江市香蕉受"启德"台风严重危害出现倒伏

2013年9月龙门县粉蕉受台风严重危害出现倒伏

2013年9月龙门县粉蕉受台风严重危害出现倒伏

2014年7月香蕉受"威马逊"台风严重危害出现倒伏

香蕉缚竹撑防风

| 粉杂1号缚竹撑防风 | 粉杂1号风前短截叶片防风 |

(2)香蕉冻害

【症状】香蕉是热带果树,冬季温度降到20℃时生长缓慢,14℃时就停止生长,嫩叶边缘会干枯,4～5℃叶片就会冻伤褪绿,1～2℃叶片就会被冻至枯萎。华南香蕉种植区主要分布在热带和南亚热带气候区,除海南省为适宜区外,其他总体处在气候次适宜区,每年均遭受不同程度的冻害。

【发生规律】香蕉冻害有干冷、湿冷、霜冻3种类型。干冷型主要为平流冷害,北方冷空气南下,低温干燥的北风,使叶片和果实失水变褐,多在11月底到翌年1月底前发生。湿冷型低空受冷空气的影响,高空受暖空气的影响,造成低温高湿,伴有小雨,持续时间长,冰冷的雨水使未抽蕾植株的生长点或蕾死亡,呈烂心状,多在12月底到翌年2月中旬发生。霜冻型多为辐射霜冻,在寒冷、晴朗、无风的夜晚,凝结在叶片上的露珠,因辐射冷却引起霜冻,叶片受冻伤变褐干枯,果实变褐。连续几天霜冻假茎变褐以致使地上部分死亡。

【预防方法】①选择适种地区发展香蕉种植,最好选择年最低气温4℃以上的地区发展。偶有1～4℃的地区,做好预防也可在良好的小气候区域适当发展。②选择适时种植。有冻害地区,选择10～15叶龄的健壮组培苗于3月10日前种植。控制在8月中旬至9月中旬前抽蕾,争取当年种植当年收。③必须露地越冬的香蕉植株,特别是挂果株,从夏末初秋起注重钾、磷肥的施用,忌偏施氮肥。香蕉断蕾后及时套袋。12月中旬后才能收获的香蕉用蓝色PE塑料膜、珍珠棉、无纺布三层套袋护果。④秋冬植香蕉组培苗要用小拱棚双膜覆盖防寒越冬。⑤应对辐射型寒害,要提前加强蕉园灌水,可以在一定程度上防御霜冻,减轻寒害。发生平流型阴雨寒害时,要加强蕉园排水,以减轻寒害。⑥有条件可以搞大棚设施栽培。⑦冬季日最低气温降至12℃时,用芸薹素+生化黄腐酸钾隔15～20天淋施根部,连续施用2～3次。遇冷空气来临,提前1～2天用芸薹素+高脂膜+磷酸二氢钾,或碧护、壳聚糖等喷施叶片正背面及蕉果,有一定的效果。

2013年1月香蕉轻度冷害

2014年1月香蕉园严重冻害

2014年2月香蕉园严重冻害

2014年3月香蕉开花期冻害

2005年1月香蕉园中度冻害

2005年1月香蕉园严重冻害

2005年2月粉蕉果实轻度冻害

2005年1月粉蕉中度冻害

一、香蕉病害

2008年3月粉蕉严重冻害

冬种后用薄膜覆盖防冻

冬春种植后用薄膜覆盖防冻

用双层或三层袋套果穗防冻

受冻后叶片全枯，但套袋果指仍完好

（3）香蕉涝害　香蕉涝害是指蕉园在雨季由于排水不及时或地下水位提高，造成蕉园被淹，轻者叶片发黄，重者烂根，植株死亡，致使蕉园减产甚至失收，一般地势较低或处于排洪口下游的蕉园容易受害。

【症状】由于植株球茎及根系长时间泡在水面下，无法进行正常呼吸，因此导致根系受损或腐烂坏死，无法正常输送营养和水分，最终使植株受害。一般来说，被淹超过48小时后，植株开始受害，水位下降至正常水平后，3天后叶片出现失水现象，并逐渐出现叶片局部干枯，植株虽然会慢慢恢复生机但已造成减产。被淹超过72小时后，植株严重受害，水位下降至正常水平后，2天后大部分叶片出现失水干枯现象，植株恢复较慢，造成30%～50%的减产。被淹超过96小时后，2天内植株开始萎蔫并逐渐死亡，完全不能恢复，造成失收。

【预防方法】①蕉园要搞好排灌系统。有条件的蕉园设立低压喷带灌溉系统或滴灌系统。②地下水位高的蕉园要起高畦种植，遇到涝害要及时排涝，争取在48小时内把水位降至畦面20厘米以下。水位降至正常水平后，及时喷洒杀菌剂和喷施叶面肥。待植株恢复生机后，增施速效肥，以减少损失。③地下水位高的蕉园适宜种植粉杂1号粉蕉、大蕉等耐涝品种。

2010年8月香蕉园浸水状

2010年9月香蕉园浸水状

2013年8月香蕉园浸水状

粉蕉园幼树浸水状

2010年9月香蕉园浸水多日出现枯萎

（4）香蕉日灼病

【症状】发生初期，果皮向阳部位受强烈的太阳光灼伤，逐渐使果皮变灰白色。果穗柄及叶片灼伤使表皮组织坏死。

【发生规律】在高温的夏秋季容易发生，气候干燥、日照强烈时发生严重，此时，若喷布农药防治病虫，会加重日灼。8～9月多发，尤以台风后叶片受损失去遮蔽的果穗暴晒时易发生。

【预防方法】①蕉苗定植前约15天打开育苗大棚的两头通风，揭去大棚遮阳网进行植前炼苗。②防治病虫害时，避免在太阳猛烈的时段（上午10时半至下午3时前）喷药。③果实用报纸或专门的纸袋、无纺布袋套袋可避免日灼。

香蕉叶片日灼状

香蕉果轴日灼状

香蕉果指日灼状

(5) 大气污染

【症状】初期病斑出现在新叶上,呈水渍状,暗绿色或黄化病斑,后逐渐沿叶缘向中脉方向扩展为波浪纹或锯齿状的坏死带。病健交界处呈浅黄色。病叶老熟后病斑停止扩展,界线分明,病斑黑色后变为浅褐色或灰色。

【发生规律】由砖厂、水泥厂、汽车等排出物,使大气含有一氧化碳、氟化物、氮氧化物、氯气等20多种污染物。这些气体在大气达到一定的浓度时可以破坏植物细胞结构,阻碍水分和养分的吸收,破坏叶绿素,影响树体的光合作用,致使减产。一般4~5月开始发生,9~10月发生最严重。危害程度取决于有毒气体的沉积程度。风力大将毒气吹走或稀释时发病较轻,无风或微风时毒气沉积则发病较重。

【预防方法】①选择园地时,要选无废气源的地方。②污染严重的蕉园,要加强肥水管理及其他叶斑病的防治。抽蕾后可喷些光合作用促进剂如高利达Ⅳ,以及营养剂如核苷酸、叶面宝等,提高健叶的活力,以弥补叶面积减少造成的不良后果。

大气污染初期症状

大气污染初期症状

大气污染中期症状　　　　　　　　　　　　　大气污染中期症状

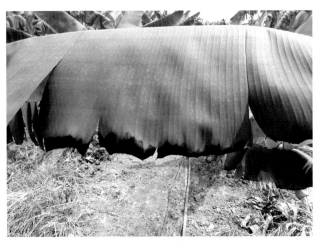

大气污染后期症状　　　　　　　　　　　　　大气污染后期症状

3.药害

【症状】香蕉幼树生长期，由于植蕉区雨水比较多，非常容易生长杂草，既影响植株生长，还是病害的中间寄主，又是害虫的栖息处。因此必须除草，由于人力除草费用较高，多采用化学除草，如使用草甘膦等农药进行除草，效果良好。但是，由于使用的浓度不当，或喷布时喷到蕉芽、蕉干、叶片上或根部，会使叶片出现斑点、斑疤、叶枯及吸芽枯黄，或使根系腐烂等。轻者生长受抑制，严重的叶片枯萎，全株死亡。

【预防方法】①使用除草剂不要随意提高药剂的使用浓度。②使用除草剂应选择对香蕉根系无影响的品种，喷除草剂最好选静风时进行，喷药时要离蕉株一定的距离，喷头向草，避免药液喷到植株。

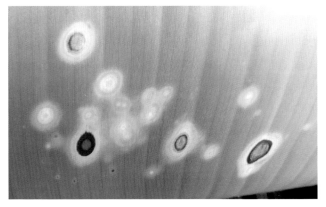

百草枯药害状　　　　　　　　　　　　　　　百草枯药害状

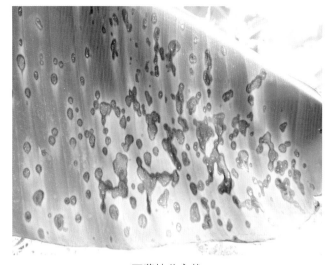

百草枯药害状

草甘膦药害状

百草枯药害状

(百草枯水剂自2016年7月1日起停止在国内销售和使用。
——编者注)

4.香蕉裂果

【症状】裂果是果皮开裂，露出果肉。多为纵向开裂，果肉易腐烂发臭。

【发生规律】裂果主要发生在果实膨大后期久旱骤雨之后，果肉迅速膨大，果皮不能相应地生长而被果肉胀裂。

【预防方法】①加强栽培管理。②地表覆盖杂草绿肥，减少土壤水分蒸发，或采用生草栽培方法，改善和调节土壤含水的稳定性。③及时灌溉，在果实膨大期均衡供应水分和养分，是防止裂果的有效措施。④裂果前，适时喷布高钾、高钙的叶面肥，或喷布果实防裂剂800～1 000倍液，连喷3次，或喷尿素150克、氯化钾100克、食醋100克、石灰100克，兑水25千克配制成的药液，有防裂效果。喷细胞分裂素也有防裂效果。

香蕉熟果出现裂果

香蕉缺钙青果出现裂果

贵妃蕉裂果并感染炭疽病，快速发黑发臭

5.跳把

在香蕉生产和加工催熟过程中，有段时期会有跳把现象，台湾叫"青丹"或"二段着色"。即一梳香蕉催熟后，大部分转黄成熟，中间有一两根或几根蕉果仍保持青绿，影响外观和销售。一般5月中旬至6月中旬这段时间采收的香蕉常有发生。主要原因是气候因素，刚结的果实在气温较低、干旱时发育不好，一些品种如抗病香蕉品种如宝岛蕉、农科1号香蕉等发生较多且较为严重，以致蕉贩不收购。果穗套纸袋（最好是双层纸袋）加薄膜袋可减少这种现象发生。

香蕉跳把果梳

香蕉跳把果梳

香蕉跳把果梳

香蕉跳把果梳

香蕉跳把果

粉杂1号跳把果梳

孟加拉菜蕉跳把果梳

6.香蕉变异

香蕉组织培养快速繁育苗木，已成为我国现代香蕉种植业育苗的主要方法，促进了香蕉产业的发展，但也带来了一些新的问题：苗木发生变异。变异的蕉苗在大田栽培中表现出与原品种不一样的特性，大部分的变异株会导致减产、绝收或丧失商品价值。目前发现的变异有以下类型：

（1）**嵌纹叶变异**　叶片基部锐尖长，叶片呈波浪形，叶片上分布形状不规则的黑色蜡质条纹，严重时叶片畸形，叶姿稍直立，结果迟，产量低，果穗多不正常，经济价值低。

（2）**花叶型变异**　侧脉间缺绿呈白色或淡黄色条斑。

（3）**叶畸形变异**　叶片狭长、扭曲、有条纹白斑。

（4）**矮化变异**　植株比原种矮，叶距紧密，叶柄粗短，叶片密集成把。遇到不良条件（如低温、干旱等），果穗萎缩在把头上，果梳排列紧贴，果指明显短小，抽蕾结果稍早，经济价值较低。曾经推广的威廉斯品种组培代数高，发生矮化变异多。

（5）**叶片直立型变异**　植株假茎变细，深绿色，叶姿直立，叶片较窄小、较直立，产量较低，品质稍差，蕉农称"硬骨仔"。

（6）**假茎变色型变异**　假茎出现红褐色、黑色、棕红色或青色等。

（7）**果轴变异**　果轴变得特别长，梳距变宽。

（8）**果实变异**　果指出现白条斑、细长、短小、起棱角、上弯不正常等。

此外，还有乔化变异等。

【预防方法】①选择性状好、不带病、生长正常母株的吸芽作繁殖材料。②控制培养基植物生长调节剂的浓度，掌握好培养条件，要求光照适中，暗培养及强光照都会诱发劣变。要求温度适中，一般掌握20～30℃，12℃以下对苗生长发育不利。培养基中6-BA浓度大于6毫克/升会使变异率增高。③必须严格控制组培继代繁殖代数，不要超过12代。在育苗过程中要不断剔除异常苗，争取把变异率控制在5%以下。定植后还需要继续剔除变异株，争取把变异率控制在3%以下。

香蕉嵌纹变异叶

香蕉嵌纹变异叶

香蕉嵌纹变异叶

香蕉嵌纹变异叶

广粉苗抽4片叶时出现花叶

广粉1号苗花叶

广粉1号苗抽4片叶时出现花叶

粉杂1号苗抽4片叶时出现花叶

粉杂苗抽6片叶时出现花叶

广粉苗抽6片叶时出现花叶

香蕉6片叶时出现花叶

香蕉畸形叶

大蕉畸形叶

粉杂畸形叶

过山香畸形叶

香蕉畸形叶

畸形叶变异

香蕉叶畸形变异

粉杂1号畸形叶

威廉斯香蕉变矮

粉蕉变矮

大蕉变矮

粉蕉叶柄硬直（硬骨仔）

广粉1号超矮化株

粉杂1号矮化株果穗

广粉1号矮变植株结果

广粉1号矮化株

香蕉矮变株

粉杂1号变高株

粉杂1号变高株

粉杂1号乔化株结果迟

粉蕉叶柄硬直（硬骨仔）

广粉1号硬骨仔变异

巴西香蕉硬骨仔结果

粉杂1号硬骨仔变异结果株

广粉1号假茎色变异

香蕉假茎变黑

一、香蕉病害

65

香蕉假茎色变异

香蕉假茎色变异

香蕉假茎色变异

香蕉假茎变黑色

香蕉叶柄边缘颜色变异

南天黄香蕉嵌合体变异——吸芽有红有青

香蕉果穗变异

香蕉绿蕾变异

黄条斑大蕉花蕾变异

香蕉果轴特长，梳距变长　　　　　　　　粉蕉果轴特长，梳距变长

粉蕉花叶型变异　　　　　　　　　　　粉蕉花叶型变异

粉蕉果可见白条纹　　　　　　　粉蕉果可见白条纹　　　　　　香蕉果可见明显白条纹

粉杂1号圆果形变异　　　　　　　　　果实发育不良变异植株

粉杂1号多蕾株

粉杂1号花柱不干株果穗

巴西蕉假茎颜色变异——黄绿色

粉杂1号大头仔变异

粉杂1号棱角果变异

粉杂1号连体变异

粉杂1号长果形变异

粉杂1号对生叶变异果穗

威廉斯香蕉长毛变异果穗

金指蕉双果穗

香蕉果指上弯困难

果梳不发育，无果肉

粉杂1号变矮株连体蕉果梳

粉杂1号短果形变异果梳

粉杂果皮木栓化

香蕉果皮木栓化

鸡蕉果皮木栓化

大蕉果皮木栓化

威廉斯香蕉长毛变异果梳

宝岛蕉花柱发育变异

香蕉果肉色变异（下，橙黄色）

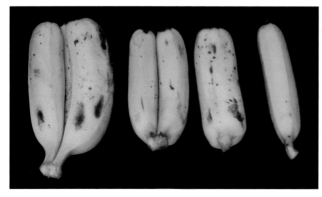

香蕉的三果、双果（连体）、大单果（合体）、单果

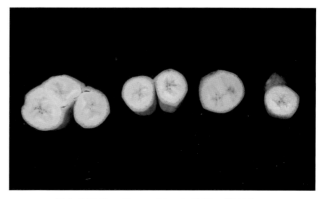

粉杂1号的三果、双果、大单果、单果切面

二、香蕉虫害

1. 香蕉弄蝶

香蕉弄蝶 *Erionota torus* Evans，又名香蕉卷叶虫。属鳞翅目，弄蝶科。

【寄主】香蕉类果树。是香蕉主要害虫，多为害粉蕉。

【为害状】幼虫将蕉叶卷结成叶苞，幼虫取食蕉叶，使叶片残缺不全，为害严重时仅留主脉，影响植株生长结果，导致减产。

【形态特征】**成虫** 体长25～30毫米，黑褐色或茶褐色，触角黑褐色，近膨大部分白色。前翅中部有3个大小不一的近方形黄色斑纹。**卵** 半球形，红色，卵壳表面有放射状白色线纹。**幼虫** 共6龄，老熟幼虫长50～64毫米，体表被白色蜡粉。头黑色，胴部一、二节细小如颈。**蛹** 淡黄白色，被白色蜡粉，口吻长。

【生活习性】华南地区一年发生4～5代。以老熟幼虫在叶苞内越冬。成虫白天活动，吸食花蜜，产卵在新叶片或嫩茎上，幼虫吐丝将叶卷叶筒状，藏身其中。早、晚和阴天伸出头部取食附近叶片。一般4～5月开始为害，6～10月发生较多。

【防治方法】①冬季清园清除枯叶，集中烧毁，减少虫源。生长期摘除蕉叶虫苞。②保护天敌。香蕉园常见卵的寄生蜂有荔枝卵平腹小蜂、跳小蜂等。③在低龄幼虫期喷药防治。药剂可选用：90%敌百虫晶体800倍液加Bt可湿性粉剂（100亿活芽孢/克）800倍液，4.5%高效氯氰菊酯乳油1 500倍液加Bt可湿性粉剂（100亿活芽孢/克）800倍液，或40.7%乐斯本乳油1 000倍液。

香蕉弄蝶幼虫为害状

香蕉弄蝶雄成虫背面

香蕉弄蝶雄成虫腹面

香蕉弄蝶成虫

香蕉弄蝶成虫

香蕉弄蝶卵

香蕉弄蝶正在孵化的卵

香蕉弄蝶初孵幼虫

香蕉弄蝶初孵低龄幼虫

香蕉弄蝶初孵低龄幼虫

香蕉弄蝶初孵低龄幼虫

香蕉弄蝶低龄幼虫

香蕉弄蝶高龄幼虫

香蕉弄蝶高龄幼虫即将化蛹

香蕉弄蝶蛹背面

香蕉弄蝶蛹腹面

香蕉弄蝶蛹侧面

2.斜纹夜蛾

斜纹夜蛾 *Spodotera litura* Fabricius，又名斜纹夜盗蛾、莲纹夜蛾。属鳞翅目，夜蛾科。

【寄主】柑橘、香蕉、梨、葡萄、草莓等果树。近年已上升为香蕉主要害虫。

【为害状】幼虫咬食香蕉新叶，致叶片缺刻、孔洞或只存留主脉，树冠新叶残缺，影响树体生长。除香蕉外，还为害其他果树、粮食作物、经济作物、花卉植物等近300种。

【形态特征】**成虫** 雌蛾体长14～20毫米，翅展33～42毫米，体灰褐色。前翅斑纹复杂，内横线和外横线灰白色，波浪形，灰白色斜纹中有2条褐色线；后翅白色，近外缘暗褐色。雄蛾肾纹中央黑色环纹和肾纹间有一灰白色斜向宽带，自前缘中部伸至外横线近内缘1/3处。**卵** 半球形，初产时乳白色，渐变灰黄色，近孵化时紫灰色。**幼虫** 初孵幼虫暗灰色，头部黑色。二至三龄期幼虫黄绿色，头部浅褐色。老熟期幼虫多为黑褐色，头部褐色，背线、亚背线橘黄色或棕红色，在亚背线上沿每节两侧各有1个半月形黑斑，以第一、第七、第八节的黑斑最大，在中、后胸黑斑外侧有黄色小点。**蛹** 赤褐色。

【生活习性】华南地区一年发生7～8代，世代重叠，以蛹越冬。成虫有趋光性，昼伏夜出，于黄昏后活动、取食、交尾和产卵，卵多产在叶背，数十粒至百余粒不等，分2～3层不规则重叠成卵块，上覆盖黄白色虫体绒毛。初孵幼虫群集在卵块附近取食，二龄分散，四龄后暴食。幼虫体色可随虫龄、食料和周围环境不同而变化。在白天可见停息在叶片上的幼虫，惊动时卷缩掉落地面伪死。多于每年5～7月为害新植香蕉叶片。

【防治方法】①摘除卵块，减少虫口密度。尤以越冬成虫所产的卵块，应尽量及时摘除。②喷Bt制剂（每克300亿个孢子）1 000倍液防治幼虫。③傍晚喷布农药防治幼虫。药剂可选用：48%毒死蜱、5%甲氨基阿维菌素苯甲酸盐水分散粒剂1 500～2 000倍液，240克/升虫螨腈悬浮剂1 000～1 500倍液，斜纹夜蛾核型多角体病毒10亿PIF/毫升500～1 000倍液，5%氯虫苯甲酰胺1 000～1 500倍液，早晚喷杀。④利用斜纹夜蛾成虫的趋光性，可在田间放置频振式杀虫灯或糖醋液（糖、酒、醋、水的比例为3：4：1：2）等诱杀成虫。

斜纹夜蛾初孵幼虫为害叶背状

斜纹夜蛾初孵幼虫为害叶背状

斜纹夜蛾初孵幼虫为害叶面状

斜纹夜蛾低龄幼虫为害叶状

斜纹夜蛾高龄幼虫为害叶状

斜纹夜蛾成虫（左雄，右雌）

斜纹夜蛾雌成虫背面

斜纹夜蛾雌成虫腹面

斜纹夜蛾卵块

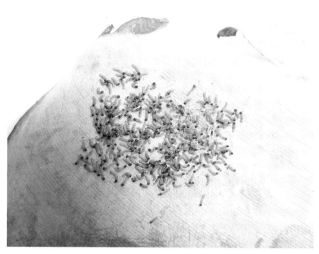

斜纹夜蛾刚孵化出的幼虫

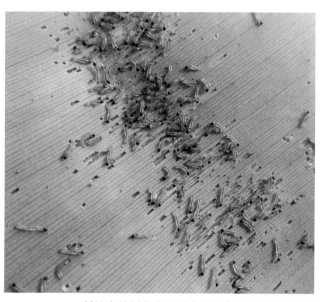

斜纹夜蛾孵化出的幼虫在取食

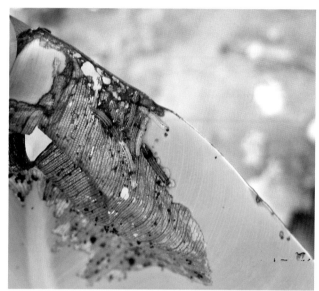

斜纹夜蛾低龄幼虫及为害状

斜纹夜蛾高龄幼虫

斜纹夜蛾高龄幼虫

| 斜纹夜蛾蛹背面 | 斜纹夜蛾蛹腹面 | 斜纹夜蛾蛹侧面 |

3.黄刺蛾

黄刺蛾 *Cnidocampa flescens* (Walker)，别名刺蛾、洋辣子、八角虫。分布全国各地。

【寄主】荔枝、龙眼、柑橘、香蕉、大蕉等果树和林木。

【为害状】以幼虫在叶片背面群聚为害，后分散为害，将叶片食光，只留叶柄。

【形态特征】**成虫** 体长12～16毫米，翅展30～34毫米，前翅近顶角至后缘有两条褐色斜纹，在翅尖汇合成一点，呈倒V形，内面一条伸到中室下角，为黄色和褐色的界线，线内为黄色，线缘有2个褐色小斑点，线外为褐色，线内近处，前后各有一深褐色小圆点。**卵** 黄色，椭圆形。**幼虫** 老熟时体长19～25毫米，体黄绿色，体背有一淡紫褐色哑铃状纵斑，体侧中部有2条蓝色纵纹，各体节有枝刺4个，以后胸、腹部第一、第七节为最大。**茧** 形似麻雀蛋，表面有灰白色和紫褐色相间条纹。**蛹** 长11～13毫米，椭圆形，黄褐色。

【生活习性】黄刺蛾在河南、江苏、四川等地一年发生1～2代，以老熟幼虫结茧越冬。翌年5月开始化蛹，5月下旬至6月上旬羽化。第一代幼虫发生在6月下旬至7月上中旬，7月下旬始见第一代成虫。成虫产卵于叶片正面，几粒或几十粒排列成块，亦有散产的。卵经5～7天孵出幼虫，在叶片背面群居取食叶肉，随虫龄增大，开始分散取食，将叶片食光。

【防治方法】①结合冬耕施肥，将根际落叶及表土埋入施肥沟底。或结合培土，在根际30厘米内培土6～9厘米，并稍压实，以杀死越冬虫茧。摘除虫叶，集中烧毁。②幼虫期每667米²用10.5亿个孢子的青虫菌菌液喷施防治。③利用黑光灯或频振式杀虫灯诱捕成虫。④幼虫密度大时在初龄幼虫发生盛期喷药防治。药剂可选用：90%晶体敌百虫或80%敌敌畏乳油800倍液，50%马拉硫磷乳油或2.5%高效氯氟氰菊酯（功夫）乳油2 000～2 500倍液，25%灭幼脲悬浮剂1 500倍液，20%虫酰肼悬浮剂1 500～2 000倍液喷雾防治。

黄刺蛾成虫

黄刺蛾低龄幼虫群集一起

黄刺蛾低龄幼虫

黄刺蛾幼虫（引自夏声广）

黄刺蛾茧（引自夏声广）

黄刺蛾蛹（引自夏声广）

4. 褐黄球须刺蛾

褐黄球须刺蛾 *Scopelodes testacea* Butler，属鳞翅目，刺蛾科。

【寄主】香蕉、大蕉、橄榄等果树。

【为害状】幼虫群集于叶背取食，二至四龄幼虫噬食叶片下表皮和叶肉，留下半透明的上表皮，五龄后从叶缘向内咬食叶片，后期分散取食，严重时，芭蕉科植物叶片被害后仅留主脉。

【形态特征】**成虫** 雌成虫体长18～23毫米，翅展26～30毫米。体黄褐色，复眼黑色。触角较长，近基部约3/5部分为丝状，其余部分单栉齿状。前翅黄褐色具闪光鳞片，后翅淡黄色、近翅缘色较深。雄成虫体长18～22毫米，翅展20～23毫米。触角较短，基部约1/3部分为双栉齿状，其余部分单栉齿状。前翅灰暗褐色，后翅灰黄褐色。雌雄蛾的腹部均为黄色。**卵** 椭圆形，黄色、具光泽。**幼虫** 老熟幼虫长椭圆形，长40～46毫米，宽20～22毫米。体黄绿至翠绿色，腹面浅黄色，头浅黄褐色，体枝刺丛发达、密生，所有刺毛的端部黑褐色。中、后胸及第一至第七腹节背中线两侧各有一个靛蓝色斑点，蓝色斑后面有一浅黄色扁圆形框，该框与背线构成近"中"字形斑。第一至第六腹节侧面各有一个近长椭圆形稍向后倾斜的靛蓝色斑。**茧** 长椭圆形，污黄至黑褐色，长20～23毫米。**蛹** 浅黄色，长约20.2毫米。

【生活习性】在广州地区一年发生2代，以老熟幼虫结茧越冬。越冬代成虫5月上中旬出现，第一代幼虫发生期在5月下旬至6月底，6月下旬开始结茧，8月中旬陆续化蛹。第一代成虫8月中旬开始出现，8月下旬至9月上旬为羽化高峰。第二代卵在8月中旬出现，8月中旬至11月下旬均见第二代幼虫为害。成虫有趋光性，夜晚进行羽化，羽化当天交尾产卵。卵产在叶片背面或正面，呈鱼鳞状排列，蜡黄色，具光泽。

【防治方法】参照黄刺蛾防治方法防治。

褐黄球须刺蛾幼虫为害状

褐黄球须刺蛾低龄幼虫群集一起

褐黄球须刺蛾幼虫为害状

褐黄球须刺蛾幼虫背可见近"中"字形斑

褐黄球须刺蛾幼虫侧面有6个斜向后
靛蓝色斑

褐黄球须刺蛾化蛹前1天的幼虫

褐黄球须刺蛾化蛹

5.双线盗毒蛾

双线盗毒蛾 *Porthesia scintillans* Walker，属鳞翅目，毒蛾科。

【寄主】香蕉、荔枝、龙眼、柑橘、枇杷、芒果、梨、桃、李、葡萄等多种果树。

【为害状】以幼虫为害新梢嫩叶造成叶片缺刻、孔洞，也蛀食幼果。

【形态特征】**成虫** 体长12～14毫米，翅展20～38毫米。体暗黄褐色。前翅黄褐色至赤褐色，布灰色小鳞点，内、外线黄色，前缘、外缘和缘毛黄色，外缘和缘毛被黄褐色部分分隔成三段。后翅淡黄色。**卵** 略扁圆球形，由卵粒聚成块状，上覆盖黄褐色绒毛。**幼虫** 体长21～28毫米。头部浅褐或褐色，虫体暗棕色，前中胸和第三至第七和第九腹节背线黄色，其中央贯穿1条红色细线，后胸红色。前胸侧瘤红色，第一、二和第八腹节背面有黑色绒球状短毛簇。**蛹** 圆锥形 褐色，有疏松的棕色丝茧。

【生活习性】广东、广西一年发生4～5代，福建一年发生3～4代。以幼虫越冬。成虫夜间羽化，具趋光性。卵产在叶背面。初孵幼虫群集取食，在叶背啮食叶肉，残留上表皮，二至三龄后分散为害。常将叶片咬成缺刻，或将嫩芽全部咬食，花蕾咬破，咬食谢花后的幼果极为常见。老熟幼虫入表土化蛹。

【防治方法】①搞好果园清洁、铲除园中杂草，可减少为害。②在幼虫低龄时喷药防治。药剂可选用：4.5%高效氯氰菊酯乳油1 000～1 500倍液，2.5%溴氰菊酯（敌杀死）乳油1 000～1 500倍液，2.5%高效氟氯氰菊酯（功夫）乳油1 000～1 500倍液，苏云金杆菌（Bt）可湿性粉剂或乳剂600～800倍液，在Bt药液中加入10%氯氰菊酯乳油或90%敌百虫晶体1 000～1 500倍液防效更好。在抗药性较强的地区，可用1.8%阿维菌素微乳剂1 000～1 500倍液，2%甲氨基阿维菌素苯甲酸盐乳油1 500～2 000倍液或5%氯虫苯甲酰胺悬浮剂1 000倍液喷雾。

双线盗毒蛾雌成虫与部分卵块

双线盗毒蛾幼虫

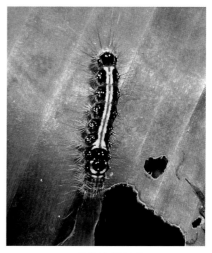

双线盗毒蛾幼虫

双线盗毒蛾蛹背面

双线盗毒蛾蛹腹面

双线盗毒蛾蛹侧面

6.小蓑蛾

小蓑蛾 *Acamthopsyche subferalbata* Hamson.，属鳞翅目，蓑蛾科。

【寄主】香蕉枇杷等果树。

【为害状】幼虫在护囊中咬食叶片。该虫喜集中为害。

【形态特征】**成虫** 雄虫体长3～5毫米，翅展12～18毫米，头、胸、腹部黑棕色，被白毛，前后翅浅黑棕色，后翅反面浅蓝色，有光泽，翅面无斑纹，触角双栉齿状。雌蛾体长5～8毫米，蛆形，黄褐色，无翅，足退化。**卵** 椭圆形，米黄色。**幼虫** 末龄幼虫体长6～9毫米，头淡黄色，散布有深褐色斑点，各胸节背板有深褐色斑4个，腹部乳白。**蓑囊** 较小，雌囊长15～20毫米，雄囊长8～16毫米，灰褐色，外附叶屑。幼虫化蛹前吐结1条100～300毫米的长丝将蓑囊悬挂于叶上。**蛹** 雄蛹长椭圆形，黑褐色，腹背有横黑带。

【生活习性】一年发生3代，多以老熟幼虫越冬，翌年3月化蛹，4月中下旬第一代幼虫孵化盛期，6月下旬至7月上旬为第二代幼虫孵化盛期，8月下旬至9月上旬为第三代幼虫孵化盛期。卵产在蓑囊内的蛹壳中。幼虫多在早晚取食为害。

【防治方法】①人工摘除虫囊，集中烧毁。②掌握在幼虫低龄盛期喷药防治。药剂可选用：90%晶体敌百虫或80%敌敌畏乳油800～1 200倍液，50%杀螟松乳油1 000倍液，50%辛硫磷乳油1 000～1 200倍液，2.5%溴氰菊酯乳油2 000倍液，或Bt乳剂（100亿孢子/毫升）600倍液、5%鱼藤酮乳油800倍液。

雌幼虫为害状

雌幼虫在袋囊内

雌幼虫在袋囊内

雌成虫背面

雌成虫腹面

雌成虫与产出的小幼虫

雄幼虫为害状

雄幼虫在袋囊内

雄幼虫在袋囊内化蛹

雄蛹侧面

雄蛹腹面

雄成虫

7.香蕉假茎象甲

香蕉假茎象甲 *Odoiporus longicollis* Olivier，又名香蕉双黑带象虫、香蕉假茎象虫等。属鞘翅目，象甲科。

【寄主】香蕉类果树。是香蕉主要害虫。

【为害状】幼虫蛀食蕉株假茎，形成纵横交错的蛀道，或蛀食叶鞘，影响植株生长和结果。主要为害宿根香蕉园。

【形态特征】**成虫** 有大黑型和双带型两种，大黑型成虫体全黑色，前胸背板两侧密布刻点，中部中线两旁1～2行不规划的刻点，其余部分平坦光滑。鞘翅各有2条平等的刻点线。双带型成虫体红褐色，腹部近黑色，有蜡质光泽，旁密布刻点，前胸背板有两条黑色纵带纹，翅鞘纵沟明显。两者雌成虫体长13～14毫米，雄成虫体长12～13毫米。头部形似象鼻，触角膝状，尾节菱形。足的跗足5节，第三节扩展如扇形，第四节很小，第五节是两个离生爪。由于两种型长期混在同株，因此均有一些变异。**卵** 乳白色，长椭圆形。**幼虫** 淡黄白色，肥大、无足，头赤褐色。**蛹** 乳白色，黄扁圆形。

【生活习性】华南一年发生4～6代。每年4～5月和9～10月是成虫发生高峰期。幼虫多在蕉株的假茎中下段蛀害。老熟幼虫在隧道中化蛹。成虫常藏在腐烂的叶鞘内侧，产卵于表层叶鞘组织的空隔内，每隔内产卵1～2粒。孵化后，幼虫向内蛀食，叶鞘表面有少量胶质物外溢。

【防治方法】①种植前要彻底清园，种植无虫健壮的组培苗。②春季清理残株旧头，割除枯鞘，集中烧毁，减少虫源。③成虫发生高峰期在叶柄沟槽喷药。药剂可选用：80%敌敌畏乳油500～800倍液，5%氯虫苯甲酰胺悬浮剂700倍液喷洒假茎。

香蕉假茎象甲为害状

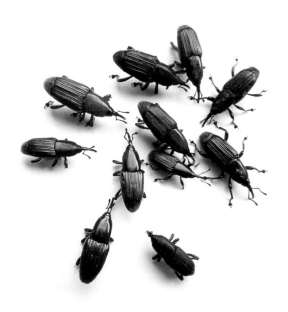

香蕉假茎象甲成虫大黑型与双带型个体有些差异

香蕉假茎象甲成虫（大黑型）

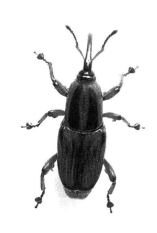

香蕉假茎象甲成虫（双带型）

香蕉假茎象甲卵

香蕉假茎象甲幼虫

香蕉假茎象甲幼虫（左上3大黑型，右下2双带型）　　　　　　香蕉假茎象甲茧

香蕉假茎象甲蛹背面　　　　　　　　　　　　　香蕉假茎象甲蛹腹面

8.香蕉球茎象甲

香蕉球茎象甲 *Cosmopolites sordidus* Germar，又名称香蕉黑象虫、香蕉球茎象虫。属鞘翅目，象甲科。

【寄主】香蕉类果树。

【为害状】幼虫为害香蕉球茎，呈纵横交错的隧道。也为害假茎基部。被害植株叶片卷缩变色，枯叶多。严重时，球茎腐烂、死亡，或抽不出花蕾。主要为害宿根香蕉园。

【形态特征】**成虫**　体黑色，或黑褐色，前胸背板密布刻点，翅鞘纵沟明显，体表有黄色细毛，无光泽。腹部灰黑色，中间有少量刻点。雌成虫长13毫米，雄成虫11毫米，触角膝状，尾节锥形，足灰黄色，足的第三跗节不扩展，不呈扇形。其他形态近似假茎象鼻虫。

【生活习性】华南地区一年可发生4代，世代重叠。各种虫态均可越冬。卵产于球茎或接近地面的假茎部分。

【防治方法】参照香假茎象甲防治方法。虫口较多的蕉园应该轮作其他作物。

香蕉球茎象甲（左雄，右雌，黑色型）　　　　　　　　　香蕉球茎象甲腹面（左雄，右雌）

香蕉球茎象甲（黑色）　　　　　香蕉球茎象甲（深褐色）　　　　　香蕉球茎象甲（褐色）

9.白星花金龟

白星花金龟 *Potosia brevitarsis* Lewi，又名白星花潜、白星金龟子、白纹铜花金龟、铜克螂。属鞘翅目，花金龟科。我国分布区域广，杂食性。

【为害状】以成虫咬食成熟果实，将果实咬成孔洞，导致果实腐烂，或取食有伤口的果实，加速果实腐烂。成虫还为害嫩芽芽尖、嫩叶。幼虫在地下取食白色嫩根。

【形态特征】**成虫** 体长20～24毫米，扁椭圆形，全体紫铜色或青铜色，有光泽。前胸背板和鞘翅上有不规则、大小不一的白色斑，前胸背板前端两侧各有1个白色小斑，近后缘的2个白色斑布在两侧的凹陷处。鞘翅面具凹塌点，上布白色斑。**卵** 卵圆形或椭圆形，乳白色，长约2毫米。**幼虫** 老熟幼虫体长34～39毫米，体乳白色，弯曲呈C形，头部赤褐色，体背每节有刚毛3列。**蛹** 裸蛹，体长约23毫米，黄白色。

【生活习性】一年发生1代，以幼虫在土中越冬，翌年6～7月为成虫羽化盛期，出土成虫有群集为害习性，取食果实或嫩芽叶片。当受惊动时，即飞逃。成虫有趋光性，对糖醋类有趋附性。幼虫一生均在土中生活，取食腐殖质、香蕉的新根。老熟幼虫在土中筑室，在其中化蛹。

【防治方法】①成虫发生盛期，利用其假死性进行捕捉；结合清理园内外有机质肥堆，捡净幼虫（蛴螬），可减少成虫的发生。②成虫发生期利用其趋光性，用40瓦黑光灯诱杀，也可用频振杀虫灯诱杀。③严重发生的果园，每667米²用1千克5%辛硫磷颗粒剂撒施树冠地面，翻入土中，杀死幼虫。也可用50%辛硫磷乳油或40%水胺硫磷乳油800倍液、48%乐斯本乳油1 000倍液喷布树冠。

此外，还有中华齿爪金龟、中华彩丽金龟、中华喙丽金龟、红脚丽金龟、铜绿金龟子等。成虫为害新叶，幼虫为害根。参照白星花金龟的防治。

白星花金龟为害果实

白星花金龟（左雄，右雌）

中华齿爪金龟

中华齿爪金龟幼虫

中华彩丽金龟成虫

中华彩丽金龟成虫腹面

斑喙丽金龟

斑喙丽金龟

红脚丽金龟

红脚丽金龟腹面

铜绿金龟成虫

铜绿金龟成虫腹面

10. 椰圆蚧

椰圆蚧 *Aonidiella orientalis* Newstead，又名木瓜圆蚧、东方肾圆蚧。属同翅目，盾蚧科。

【寄主】香蕉、番木瓜等果树。

【为害状】成虫、若虫刺吸叶片的汁液，致叶片出现黄黑斑。偶见于接壤番木瓜园的香蕉植株。

【形态特征】**成虫** 雌介壳，近圆形，褐色或暗紫色，直径1.8毫米，壳点为杏仁形，略呈黄色。雌成虫，虫体长卵圆或卵形，黄色。雄介壳，长形，较雌介壳略厚，颜色与雌介壳相似，体长0.7～0.8毫米。雄成虫体黄色，翅半透明，复眼黑褐色。**卵** 椭圆形，黄绿色。**若虫** 椭圆形，初孵时浅黄绿色，后变黄色。

【生活习性】广东一年发生6～7代，世代重叠，以若虫或雌成虫在寄主越冬。翌年4月上、中旬开始活动、取食、产卵。卵产于介壳下，每雌产卵30～80粒。初孵若虫爬行1～2天，找到适当部位，固定取食。每年5～6月繁殖扩散加快，9～10月果实黄熟阶段该虫盛发，管理差的果园易发现。

【防治方法】①割除干枯叶集中焚烧，减少虫源，改善蕉园通风透光条件。②4月中旬起经常检查蕉园，当游动幼蚧出现时，应在5天内喷药防治。药剂可选用：48%毒死蜱乳油1 000～1 200倍液，40%杀扑磷乳油800～1 000倍液，25%噻嗪酮（扑虱灵、优乐得）可湿性粉剂1 500倍液，相隔15～20天再喷一次，连续两次。

椰圆蚧为害状

椰圆蚧雌成虫与幼蚧

椰圆蚧雌成虫与幼蚧

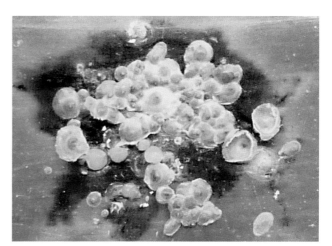

椰圆蚧雌成虫虫体、幼蚧和雄蚧

11. 红圆蚧

红圆蚧 *Aonidiella aurantii* Maskell，又称红圆蹄盾阶、红圆介壳虫。属同翅目，盾蚧科。

【为害状】雌成虫、若虫群集于叶片上吸取汁液，叶片的正背两面均可受害，致叶片出现黄黑斑。

【寄主】香蕉、柑橘等果树。

【形态特征】**成虫** 雌成虫介壳近圆形，直径1.8 ~ 2.0毫米，橙红色，半透明，隐约可见虫体。有壳点2个，为橘红色或橙褐色，不透明，第一壳点位于中央，稍隆起。雌成虫体肾脏形，体长1.0 ~ 1.2毫米，淡橙黄色。雄虫介壳椭圆形，长约1.1毫米，初为灰白色，后变为暗橙红色。有壳点1个，圆形，橘红色或黄褐色，偏于介壳前端。雄成虫体长约1毫米，橙黄色，眼紫色，有足3对，触角和翅各一对，翅展约1.8毫米，尾部有一针状交尾器。**卵** 椭圆形，淡黄色至橙黄色。**若虫** 初孵的游动若虫黄色，广椭圆形，长约0.2毫米，宽约0.14毫米，有触角及足。固定后的一龄若虫近圆形，直径约0.18毫米，并分泌白色蜡质覆盖全体。二龄时其足和触角均消失，近杏仁形，橘黄色。后变为肾脏形，橙红色，介壳渐扩大变厚。

【生活习性】以雌成虫和若虫在枝叶上越冬。年发生代数因各地气温和高低而异，一般3 ~ 6代。该虫卵期极短，产出后很快孵化，近似卵胎生。初孵的游荡若虫在母体下停留一段时间（几小时至2天）后，多于日间午前爬出介壳，游动一段时间（1 ~ 2天）后固定下来取食为害。雌虫喜欢固定在叶片的背面，雄虫则以叶片正面较多。若虫固定后1 ~ 2小时即开始分泌蜡质，逐步形成介壳。雌若虫蜕皮3次变为成虫，雄若虫蜕皮2次变为预蛹，再经蛹变为成虫。初孵若虫也可借风力、昆虫和雀鸟等活动传播。严重发生时，枝条和叶片虫数密布重叠，使叶片枯黄，枝条枯死。

【防治方法】参照椰圆蚧防治。

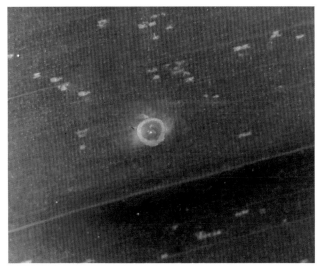

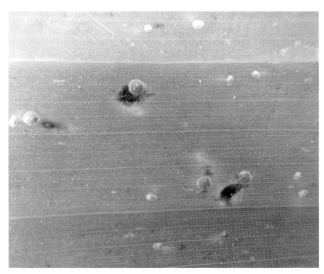

红圆蚧雌成虫	红圆蚧雌成虫、幼蚧和雄蚧

12. 褐软蚧

褐软蚧 *Coccus hesperidum* Linnaeus，别名软蚧、褐软蜡蚧。属同翅目，蜡蚧科。

【寄主】柑橘、荔枝、龙眼、香蕉等果树。

【为害状】若虫和雌成虫喜群集在叶片正面主脉两侧，吮吸汁液。严重时，叶片布满虫体，致使叶枯黄。可诱发煤烟病。

【形态特征】**成虫** 雌成虫体扁平或背面稍有隆起，卵圆形，长3～4毫米。体两侧不对称，向一边略弯曲，体背面颜色变化很大，通常有浅黄褐色、橄榄绿色、黄色、棕色、红褐色等。体前膜质略硬化，体中央有一条纵脊隆起，绿褐色，在隆起周围深褐色，边缘较浅、较薄，绿褐色，体背面具有两条褐色网状横带，并具有各种图案。触角7～8节。**卵** 长椭圆形，扁平，淡黄色。**若虫** 初孵若虫体长椭圆形，扁平，淡黄褐色，长1毫米左右。

【生活习性】此虫世代因地而异，一般一年发生2～5代。以受精雌成虫或若虫在茎叶上越冬。第一代若虫在5月中下旬孵化，第二代若虫在7月中下旬发生，第三代若虫在10月上旬出现，若虫多寄生在叶基部。

【防治方法】参照椰圆蚧防治方法。

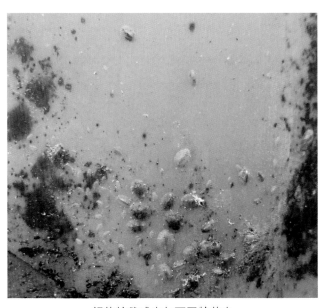

褐软蚧雌成虫与不同龄若虫	褐软蚧雌成虫与不同龄若虫

13. 堆蜡粉蚧

堆蜡粉蚧 *Nipaecoccus vastalor* Maskell，又名橘鳞粉蚧。属同翅目，粉蚧科。

【寄主】香蕉、柑橘、荔枝、龙眼、黄皮等果树。

【为害状】以成虫、若虫为害果实。可诱发煤烟病，导致果品低劣。

【形态特征】**成虫** 雌成虫椭圆形，长3～4毫米，体紫黑色，触角和足草黄色。足短小，爪下无小齿。全体覆盖厚的白色蜡粉，在每一体节的背面都横向分为4堆，整个体背则排成明显的4列。在虫体的边缘排列着粗短的蜡丝，体末1对较长，常多头雌虫堆在一起。雄成虫体紫酱色，长约1毫米，翅1对，半透明，腹末有1对白色蜡质长尾丝。**卵** 淡黄色，椭圆形，藏于淡黄白色的绵状蜡质卵囊内。**若虫** 形似雌成虫，紫色，初孵时无蜡质，固定取食后，体背及周缘即开始分泌白色粉状蜡质，并逐渐增厚。**蛹** 外形似雄成虫，但触角、足和翅均未伸展。

【生活习性】堆蜡粉蚧在广州每年发生5～6代，以若虫和成虫在假茎叶鞘内、枯叶内越冬。3月下旬前后出现第一代卵囊。第三代以后世代明显重叠。常年以4～5月和10～11月虫口密度最高。大多数情况下，雄虫量少，多行孤雌生殖。堆蜡粉蚧的近距离传播主要靠虫体爬行，远距离传播主要借助于苗木运输传播。

【防治方法】①加强果园管理，割除被害枝叶，减少越冬虫数。②合理施药，保护天敌。③掌握在若虫盛孵期喷药，药剂可选用：45%松脂酸钠可溶性粉剂100～200倍液，25%噻嗪酮可湿性粉剂1 000～1 500倍液，40%毒死蜱乳油1 000倍液，40%杀扑磷乳油1 000倍液等。

堆蜡粉蚧为害导致煤烟病

堆蜡粉蚧为害状

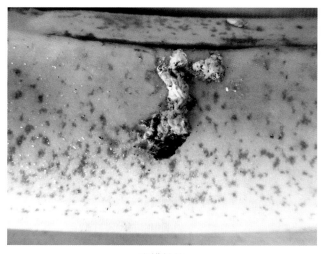

堆蜡粉蚧

堆蜡粉蚧

14. 埃及吹绵蚧

埃及吹绵蚧 *Icerya aegyptiaca* Douglas，属同翅目，硕蚧科。

【寄主】番石榴、香蕉、板栗、杨梅等多种果树，以及白玉兰等树木。是外来入侵害虫。产区如发现有此虫为害要尽快消灭，防止传播。

【为害状】雌成虫和若虫，少则数头，多则近百头，成群聚集在叶背面或嫩枝上吸取汁液，并排泄蜜露，诱致煤烟病。

【形态特征】**成虫** 雌成虫体长约6毫米，宽约4毫米，橙黄色，椭圆形，上下扁平，体背有白色蜡质分泌物覆盖，体四周有10对触须状蜡质分泌物。腹尾部附由白色絮状物构成的卵囊。雄成虫长约3.5毫米，前胸背板淡褐色，触角黑褐色，复眼和单眼各1对，均为黑褐色。前翅发达，紫黑色，后翅退化。腹部末端有2个灰白色圆锥状突起，其上各生3~4根长毛。**卵** 椭圆形。初产时橙黄色，后变橘红色，体扁平，表面附有白色蜡粉及蜡丝。**若虫** 初孵若虫淡黄色，足褐色，二龄若虫体长1.2~2.0毫米，三龄若虫2.0~3.0毫米，宽1.2~2.0毫米。

【生活习性】在广州一年发生3~4代，以各种虫态越冬。4月下旬至11月中旬发生数量最多。初孵若虫即能爬行，一龄若虫聚集在一起为害，二龄开始迁移到其他叶片为害，二龄后虫体四周开始有10对触须状蜡质分泌物。若虫聚集在新叶背的叶脉两旁吸取汁液。成虫也喜聚集在叶背主脉两侧，吸取树液并营囊产卵，一般不移动。雌成虫可孤雌生殖，卵囊内有卵200粒以上，最多达400粒。温暖湿润气候有利其发

埃及吹绵蚧雌成虫为害状

埃及吹绵蚧雄成虫

埃及吹绵蚧雌成虫、卵与若虫

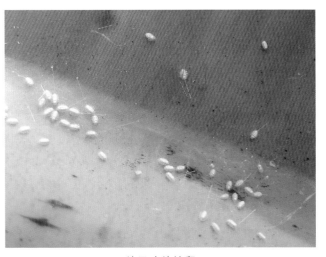

埃及吹绵蚧卵

生，全年可见为害，在温暖的冬天越冬不明显。

【防治方法】①局部发生时用刷子或稻草等刷除枝干上的越冬成虫和若虫，严重的剪除有虫叶。②保护和引进澳洲瓢虫、大红瓢虫、小红瓢虫等天敌。③在4月中旬起经常检查叶片，当游动幼蚧出现时，应在5天内喷药防治。药剂可选用：48%毒死蜱乳油1 000～1 200倍液，40%杀扑磷乳油800～1 000倍液，25%噻嗪酮（扑虱灵、优乐得）可湿性粉剂1 500倍液，相隔15～20天再喷1次，连续两次。冬季清园期和春芽萌发前，可喷45%松脂酸钠可溶性粉剂80～100倍液等。

埃及吹绵蚧雌成虫与若虫　　　　　　　　　埃及吹绵蚧雌成虫与若虫

15. 红帽蜡蚧

红帽蜡蚧 *Creropfastes centroroseis*，属同翅目，蜡蚧科。

【寄主】荔枝、梨、柿、李、柑橘、芒果、香蕉等果树。

【为害状】虫体吸取汁液，并分泌蜜露，诱发煤烟病，影响植物光合作用，从而加速植株衰弱。

【形态特征】**成虫**　雌成虫体长1.9～3.4毫米，宽1.5～3.1毫米，高2.5毫米。体被很厚的蜡壳。背面初为粉红色，后为黄褐色，周围白色，背面中央呈角状突起，周围有8个小角状突起，左右两侧各有2条白粉状纹。虫体暗赤褐色，椭圆形。触角6节，第三节最长。雄成虫蜡壳不透明，乳白色，中央阔，有3侧隆起，其中间隆起，合成一环，体红褐色，眼紫褐色。**卵**　椭圆形，紫红色。**幼蚧**　初孵时椭圆形，红褐色，背面被白色放射状蜡质13枚。**蛹**　红褐色。

【生活习性】一年发生1代，以受精雌成虫越冬。翌年6月产卵于体下，7～8月若虫孵化，孵化后上叶为害，10月雄虫羽化。

【防治方法】参照堆蜡粉蚧防治。

红帽蜡蚧　　　　　　　　　　　　　　　　红帽蜡蚧

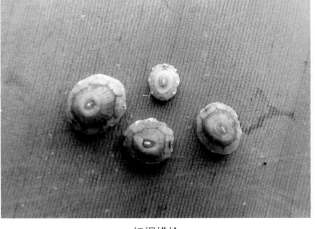

红帽蜡蚧　　　　　　　　　　　　　　　红帽蜡蚧

*16.*香蕉交脉蚜

香蕉交脉蚜*Pentalonia nigronervosa* Coquerel，又名蕉蚜、蕉黑蚜。属同翅目，蚜科。

【寄主】香蕉类果树。是香蕉主要害虫。

【为害状】吸食植株汁液，影响植株生产，传播香蕉束顶病和花叶心腐病，对香蕉生产危害很大。

【形态特征】**成虫**　有翅蚜成虫体长1.3～1.7毫米，赤褐色或暗褐色。触角几乎与体等长。前翅径分脉向下延伸，与中脉及第一分支有一段交汇（称交脉），而将近翅端处又分为两支，形成四边形的闭室。后翅小，缺肘脉。前后翅脉附近有许多黑色小点，好似淡黑色镶边。

【生活习性】孤雌生殖，卵胎生。一年发生20代以上。通风较差的蕉园、干旱季节发生较多。多寄生于蕉株下部，以心中的基部和嫩叶的叶鞘内为多，冬季在叶柄、球茎或根部越冬，春天开始活动繁殖。4～5月陆续发生，以8月后发生较多。

【防治方法】在蚜虫为害初期，及时喷50%抗蚜威可湿性粉剂1 500～2 000倍液或10%吡虫啉可湿性粉剂2 000倍液，5%啶虫脒可湿性粉剂2 000倍液或50%吡蚜酮可湿性粉剂2 000～3 000倍液。

香蕉交脉蚜为害状

香蕉交脉蚜有翅胎生雌蚜侧面　　　　　　　香蕉交脉蚜有翅胎生雌蚜背面

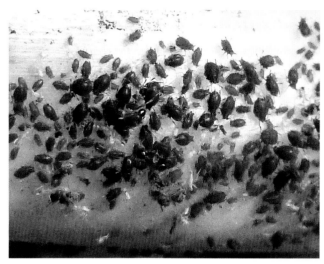

香蕉交脉蚜为害状

香蕉交脉蚜无翅胎生雌蚜与若蚜

香蕉交脉蚜无翅胎生雌蚜与若蚜

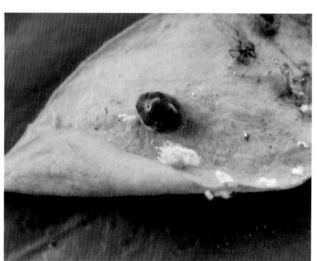

后斑小瓢虫成虫（天敌）

*17.*八点广翅蜡蝉

八点广翅蜡蝉*Ricania speculum* Walker，又名八点蜡蝉、八斑蜡蝉、广翅蜡蝉。属同翅目，蜡蝉科。

【寄主】柑橘、荔枝、龙眼、芒果、香蕉、番石榴等多种果树。

【为害状】成虫和若虫以刺吸寄主植物汁液，严重受害时，排泄物易引起煤烟病。为害香蕉较少。

【形态特征】**成虫** 体长7～8毫米，翅展18～27毫米，体黑褐色至黄褐色。复眼黄褐色，单眼红棕色，额区中脊明显。触角短，黄褐色，斜向左右。前胸背板有中脊1条，小盾片有中脊5条。前翅灰褐色，前缘中部略内弯，外缘略呈弧形，翅面有大小不等的白色透明斑6～7个与黑色斑多个。后翅黑褐色，半透明，中室端部有1个小透明斑。

八点广翅蜡蝉成虫

卵 扁椭圆形，约1毫米，有1弯柄固定在卵窝口处。**若虫** 近羽化时卵圆形，头部至腹背中部有一粗大的白色线。头部前端至胸背有3条依次渐粗的白色横线，构成一个"王"字纹，背部为褐色与白色相间斑纹，腹末有3～8束放射状散开如屏的大蜡丝。

【生活习性】一年发生1代。浙江在5月中下旬至6月上中旬陆续孵化，7月下旬成虫羽化，产卵于嫩叶上越冬。广东于5月上旬可同时见到成虫、若虫为害柑橘、荔枝春梢，并在春梢及叶脉上产卵，第二代于7月上中旬孵化，8月上旬为成虫盛发期，在9月仍可见成虫活动。成虫羽化后，边取食边交尾产卵，卵产在当次嫩绿枝梢脊棱处或叶背面主脉，每处一列，每列12～14窝，锯齿状突起，一窝内卵1粒。

【防治方法】①冬季剪除越冬卵枝，集中烧毁，以减少虫口基数。②保护和利用天敌。③成虫羽化前喷药防治。药剂可参照防治白蛾蜡蝉的药剂。

八点广翅蜡蝉成虫

八点广翅蜡蝉成虫

八点广翅蜡蝉若虫

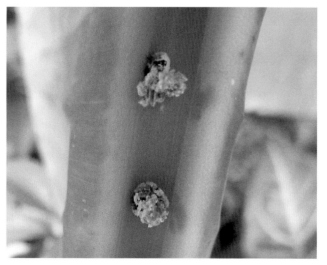

八点广翅蜡蝉若虫

18. 缘纹广翅蜡蝉

缘纹广翅蜡蝉 *Ricania marginalis* Walker，又名柑橘广翅蜡蝉、三斑广翅蜡蝉等。属同翅目，广翅蜡蝉科。

【寄主】芒果、柑橘、黄皮、梨、香蕉等果树。

【为害状】成虫和若虫刺吸嫩叶，其排泄物会诱发煤烟病。为害香蕉较少。

【形态特征】 **成虫** 体长6.5～8毫米，翅展19～23毫米。浅褐色、褐色至黑褐色。中胸背板长，有纵脊3条。前翅深褐色，后缘颜色稍浅，前缘近顶角1/3处有三角形大透明斑，其内近中部有较小近圆形的透明斑，此斑的外围呈黑褐色，黑褐色外有一圈细白线，该线延伸至后缘。外缘有一大一小透明斑，后斑较小，斑纹常散成多个，有的外缘仅有一个大斑，沿外缘还有一列很小的透明小斑点。后翅黑褐色，半透明，脉纹近黑色，前缘基部稍浅。**卵** 纺锤形，乳白色。**若虫** 老熟若虫体末尾有蜡丝10条，能作孔雀开屏状动作。

【生活习性】 一年发生1代，多以卵越冬。翌年3月中旬至4月上旬卵孵化出若虫开始为害。5月下旬、6月中旬羽化，成虫盛发，刺吸为害嫩叶。

【防治方法】 若虫发生期喷2.5%功夫乳油1 000～1 500倍液，25%噻嗪酮可湿性粉剂1 000～1 500倍液，240克/升虫螨腈悬浮剂2 000～3 000倍液，20%吡虫啉可湿性粉剂2 000～3 000倍液等。

缘纹广翅蜡蝉成虫

缘纹广翅蜡蝉成虫

缘纹广翅蜡蝉成虫背面

缘纹广翅蜡蝉成虫背面

缘纹广翅蜡蝉若虫

19. 香蕉冠网蝽

香蕉冠网蝽 *Stephanitis typical* Distant，又名香蕉网蝽，属半翅目，网蝽科。

【寄主】香蕉类果树。是香蕉主要害虫。

【为害状】成虫、若虫在叶背取食，被害叶背呈现许多黑褐色小斑点，叶正面呈现花白色斑，影响光合作用。虫口密度大时，叶片局部发黄，甚至全叶枯死。

【形态特征】**成虫** 体长2.1～2.4毫米，灰白色。头棕褐色，触角4节，末节稍膨大，棕褐色。前胸背板具网纹，侧背板呈翼状扩展，前部形成囊状头兜，覆盖头部后面。前翅膜质透明，具网纹，翅基及近端部有黑色横斑，翅缘有毛。后翅无网纹。足细长，跗节末端具2爪。**卵** 长椭圆形，稍弯曲，顶端有一卵圆形的灰褐色卵盖，初产时无色透明，后变为白色。**若虫** 共5龄，一龄体长0.5～0.7毫米，复眼淡红色。五龄2.0～2.1毫米，复眼紫红色。

【生活习性】广东一年发生6～7代，无明显越冬现象，各代有明显高峰期，第一代4月上旬至5月上旬羽化，第二代6月上中旬，第三代7月中下旬，第四代8月中下旬，第五代9月下旬，第六代11月中下旬，冬季气温高可完成1代。成虫羽化后1～2小时可取食，4天后可转叶为害，并交配产卵，卵产于叶背的叶肉组织内，相对集中地成堆产在一处，每堆10～20粒或更多，每产完一粒卵分泌紫色胶状物覆盖其上，使叶外观呈紫褐色斑块。低温、台风及暴雨对香蕉网蝽影响较为明显。

【防治方法】①及时割除受害严重的植株和叶片，集中烧毁。②及时喷药防治。药剂可选用：50%辛硫磷乳油1 000倍液，80%敌敌畏乳油或90%晶体敌百虫800倍液，2.5%溴氰菊酯（敌杀死）乳油1 500～2 000倍液。

香蕉冠网蝽为害状

香蕉冠网蝽为害状

香蕉冠网蝽雌成虫

香蕉冠网蝽成虫交配（上雄，下雌）

香蕉冠网蝽雌成虫

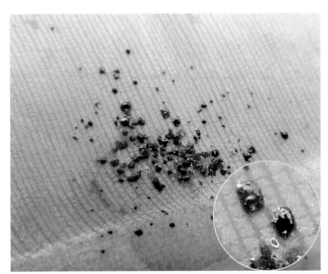

香蕉冠网蝽卵

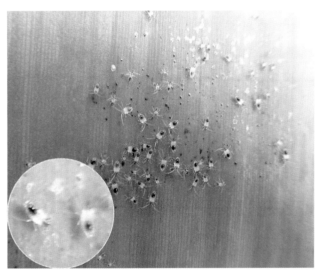

香蕉冠网蝽低龄若虫

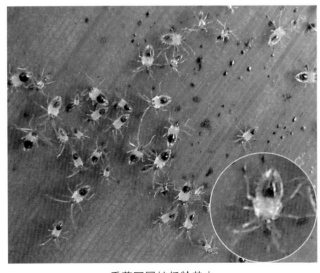

香蕉冠网蝽低龄若虫

香蕉冠网蝽若虫

20.麻皮蝽

麻皮蝽 *Erthesina fullo* Thunberg，属半翅目，蝽科。

【寄主】柑橘、荔枝、香蕉、龙眼、梨、桃等果树。

【为害状】若虫、成虫刺吸叶片和叶柄汁液。

【形态特征】**成虫** 体长18～22毫米，宽8～11毫米。体稍宽大，体背棕黑褐色，头端至小盾片中部具1条黄白色或黄色细纵脊。前胸背板、小盾片、前翅革质部布有不规则细碎黄白色凸起斑纹，靠后端中间黄白色斑稀少，形成1个近圆形棕黑褐色大斑。腹部侧接缘节间具小黄斑。前翅膜质部黑色或棕黑褐色。头部稍狭长，前尖，头两侧有黄白色细脊边。复眼黑色。触角5节，黑色，丝状。足基节间褐黑色，跗节端部黑褐色，具1对爪。后足基节旁有挥发性臭腺的开口。**卵** 近圆形，初产淡绿色，孵化前灰褐色。**若虫** 初孵若虫圈围在卵壳四周，后分散取食，各龄体色不一，形状不同。老龄若虫体长约19毫米，似成虫。

【生活习性】广西一年发生3代，广州一年4代。以成虫在草丛或树洞、树皮裂缝及枯枝落叶下或墙缝、屋檐下越冬。翌年4～5月开始活动。交尾产卵，产卵于叶上，块状，一般一块12粒，亦有9～11粒，呈2行或不规则状排列。5月中下旬可见初孵若虫，6月为第一个为害高峰，7～8月羽化为成虫为害至深秋，10月上中旬为第二个为害高峰。以后转入越冬。

【防治方法】①每天清晨、傍晚，可用网兜人工捕杀成虫。卵期，常查果园，及时摘除卵块及未分散为害的一龄若虫。②成虫和若虫盛发期，喷药防治。药剂可选用：90%晶体敌百虫800倍液，50%辛硫磷乳油1 000倍液，80%敌敌畏乳油800倍液，48%毒死蜱乳油1 000～1 500倍液。

麻皮蝽成虫

麻皮蝽卵壳、一龄和二龄若虫（淡红色为刚蜕皮）

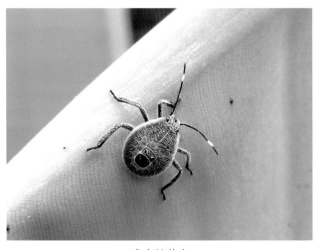

麻皮蝽若虫

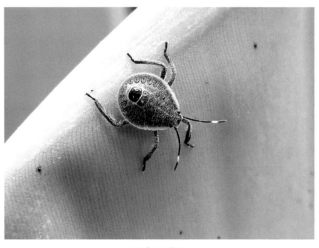

麻皮蝽若虫

21.柑橘小实蝇

柑橘小实蝇 *Bactrocera dorsalis* Hendel，又名橘小实蝇、东方果实蝇。属双翅目，实蝇科。

【寄主】柑橘、芒果、番石榴、杨桃、香蕉、番木瓜、枇杷、桃、李、梨等多种果树。

【为害状】幼虫在接近成熟的蕉果内蛀食果肉，导致果实腐烂，影响销售，造成严重失收，多见于蕉果滞销年份的夏秋季。

【形态特征】**成虫** 体长6～8毫米，翅展约16毫米，全体深黑色和黄色相间。复眼绿蓝色，闪光。触角细长，触角芒上无细毛。前胸两侧缘各有1个黄色斑，胸部背面中央黑色，两侧各有1条黄色纵带，在纵带外侧亦有1黄色条斑，小盾片鲜黄色，与黄色纵带连成U形。腹部黄色，5节，第一节为黑褐色，第二节赤黄色，一、二节背板前缘有一黑褐色横带，第三节背板前缘有一较宽的黑色横带，横带两侧形成大黑斑，中央有一条黑色的纵带直抵腹端，构成一个明显的T形斑纹。翅透明，翅脉黄褐色。雌虫产卵管发达，由3节组成。**卵** 梭形，乳白色。**幼虫** 蛆形，体长10～11毫米，黄白色，头端小而尖，尾端大而钝圆，共11节。**蛹** 围蛹，黄褐色。

【生活习性】华南地区一年发生5～11代，田间世代重叠，各虫态并存。无明显的越冬现象。但在有明显冬季的地区，以蛹越冬。广东2月中下旬成虫出现，6月出现第一次高峰，9月上旬至10月中旬出现第二次高峰，第二次高峰虫数多于第一次高峰。成虫于早晨至12时羽化，以8时至9时为盛。卵产于将近成熟的果皮下1～4毫米处的果肉与果皮间，产卵处有针刺状小孔，常有汁液溢出形成胶状乳突，后呈灰色或红褐色斑点。每处产卵2～15粒不等。每头雌虫产卵量200～400粒，分多次产出。幼虫有弹跳力，老熟后脱果入土3～7厘米处筑土室化蛹。远距离传播，主要是人为携带有虫的果实，或被害烂果随水流漂到下游，或购买苗木时，将有虫蛹的土壤随苗木一起传入新区。

【防治方法】①实行检疫。严防幼虫、虫蛹和带虫的土壤传入新种植区。②香蕉园内和周边不种植其他品种的果树，以切断柑橘小实蝇的食物链。③果实断蕾后套袋，达到采收期要及时采收。④蕉园发现有柑橘小实蝇为害时可将浸泡过甲基丁香酚（即诱虫醚）加3%马拉硫磷或二溴磷溶液的蔗渣纤维板小方块悬挂树上，诱杀雄成虫，也可用甲基丁香酚置于诱捕器内，并加入少量敌百虫液，挂于香蕉园边诱杀雄成虫。严重发生时可用0.1%阿维菌素浓饵剂诱杀成虫。

柑橘小实蝇成虫

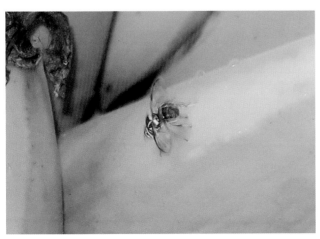

柑橘小实蝇成虫在产卵

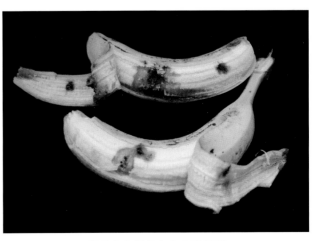

柑橘小实蝇幼虫为害香牙蕉

柑橘小实蝇成虫

柑橘小实蝇幼虫

柑橘小实蝇蛹（左背面，中侧面，右腹面）

22. 黄胸蓟马

黄胸蓟马 *Thrips hawaiiensis* Morgan，又名香蕉花蓟马、瓜蓟马。属缨翅目，蓟马科。

【寄主】香蕉类果树。是香蕉主要害虫。

【为害状】成虫、若虫为害花蕾，在花蕾取食子房及小果汁液，被害处出现红色小点，后渐变成黑色，向上突起。

【形态特征】**幼虫**　体长约0.9毫米，乳黄色，翅膜质，狭长，翅缘具长而密的缘毛。足端有泡囊，行走时腹端不时翘起。**若虫**　体型与成虫相似，但体较小，淡灰褐色、无翅。

【生活习性】一年发生多代，世代重叠。凡蕾抽出，成虫就侵入花苞内为害，花苞张开即转到未张开的花蕾继续为害。

【防治方法】①把蓝色粘虫带悬挂于田间，诱杀成虫，兼有虫情预测作用。②花蕾抽长期喷药防治，每隔7～10天喷药1次，连喷2～3次。药剂可选用：10%吡虫啉可湿性粉剂2 000～3 000倍液，3%啶虫脒乳油1 500～2 000倍液，25%噻虫嗪水分散粒剂2 000～3 000倍液或1.8%阿维菌素微乳剂2 000～3 000倍液。

黄胸蓟马为害花状

黄胸蓟马为害子房状

黄胸蓟马为害果状

黄胸蓟马为害子房状

黄胸蓟马成虫

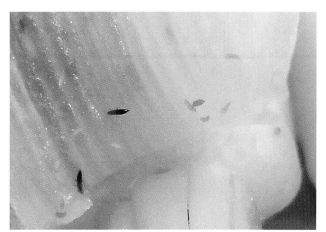

黄胸蓟马成虫、若虫

23. 短角外斑腿蝗虫

短角外斑腿蝗 *Xenocatantops brachycerus* C.Willemse，属直翅目，斑腿蝗科。

【寄主】香蕉、柑橘类果树。

【为害状】为害香蕉叶片。叶片咬成缺刻。

【形态特征】 **成虫** 虫体暗褐色、红褐色或黄褐色。雌虫体长24～27毫米，雄虫体长18～21.5毫米。头、胸部密布圆形小瘤突。面颜隆起，中纵沟明显。前胸背板中隆线明显，有3条横沟，且切断中隆线，其后一条横沟在背板中部，后胸两侧各有一长形白色斜斑纹。前翅发达，暗褐色，超过后腿节顶端，翅端部横脉斜。后翅透明，翅顶烟褐色。后腿节发达，外侧具完整白色斜斑2个，近端另有1个小斑。后胫节红褐色。善弹跳。

【生活习性】一年发生1代，各地发生时间先后有不同。以卵在山地、草坡或园边的土壤中越冬。翌年3月中旬开始出现成虫，直至9月仍可见成虫。

【防治方法】①每天上午9时前，人工捕捉成虫。②若虫孵化期，可用50%马拉硫磷乳油或40%毒死蜱乳油1 000倍液喷杀。

此外，还有短额负蝗、中华稻蝗等，成虫为害新叶。防治方法参照短角外斑腿蝗的防治。

短角外斑腿蝗虫为害状

短角外斑腿蝗虫

短角外斑腿蝗虫

短额负蝗成虫（绿色型）

中华稻蝗

24. 同型巴蜗牛

同型巴蜗牛 *Bradybaena similaris* Ferussae，又称蜒蚰螺、触角螺、旱螺、小螺蛳、山螺丝、蜗牛等。属有肺目，巴蜗牛科。我国的广东、广西、海南及长江流域各省（自治区、直辖市）均有分布。杂食性。

【为害状】在苗圃或初种植的果园为害。主要取食香蕉的叶片，造成叶片缺刻和孔洞。

【形态特征】**成螺** 雌雄同型，蜗壳扁球形，高约12毫米，直径14.1毫米。黄褐色，上有褐色花纹，具5～6个螺层，壳口马蹄形，脐孔圆孔状。体柔软，头上有2对触角，前触角较短小，有嗅觉功能，后触角较长大，顶端有眼。腹部两侧有扁平的足，体多为灰白色。休息时身体缩入壳内。**卵** 白色，球形，为石灰质外壳，有光泽，孵化前为土黄色。**幼螺** 体较小，形同成螺，壳薄，半透明，淡黄色。

【生活习性】一年发生1代，以成螺在冬作物土中或作物秸秆堆下或落叶、石堆下，或以幼体在冬作物根部土中越冬。广东于4月开始至5月为一个为害峰期，6～10月均有发生，以6～8月尤甚。若遇干旱，虫体即分泌一层白色蜡质膜，封堵螺口，黏在被害寄叶上，不食不动，等待适宜天气到来。取食多在晴天的傍晚至清晨，连续雨天发生尤为严重，卵大多产在根际疏松湿润的土壤缝隙中或枯枝、石块下，每个成体可产卵30～235粒。

【防治方法】①铲除蜗牛隐藏场所，草集中堆放，诱捕蜗牛；地面撒施石灰粉，或碳酸氢铵＋钾肥，效果好。②蜗牛盛发期的晴天傍晚，撒施四聚乙醛类农药，如6%密达颗粒剂在树冠下距主干10厘米处撒一圈，或用8%灭蜗灵颗粒剂1.5千克，或10%蜗牛敌颗粒剂1千克，拌土10～15千克，或用2%灭旱螺（灭梭威）饵剂330～400克，45%百螺敌（三苯基乙酸锡）颗粒剂40～80克，有较好的防治效果。

同型巴蜗牛

同型巴蜗牛

同型巴蜗牛

同型巴蜗牛

25.蛞蝓

蛞蝓*Agriolimax agrestis* Linnaeus，又称野蛞蝓、水蜒蚰，俗称鼻涕虫。属有肺目，蛞蝓科。主要分布于长江流域与华南、华东的柑橘产区。杂食性。

【为害状】蛞蝓是一种食性杂的害虫。取食幼苗的叶片造成孔洞，

【形态特征】**成虫** 体伸直时体长30～60毫米，体宽4～6毫米。体形纺锤状，柔软、光滑有黏液，无外壳，体表暗黑色、暗灰色、黄白色、灰红色等多种类型。触角2对，暗黑色，下边一对短，约1毫米，称前触角，有感觉作用；上边一对长约4毫米，称后触角，端部具眼。呼吸孔在体右侧前方，其上有细小的色线环绕。黏液无色。在右触角后方约2毫米处为生殖孔。**卵** 椭圆形，韧而富有弹性，直径2～2.5毫米。白色透明可见卵核，近孵化时色变深。**幼虫** 初孵出时体长2～2.5毫米，淡褐色，体形同成虫体。

【生活习性】蛞蝓多生活于阴暗潮湿的温室、菜窖、住宅附近、农田等多腐殖的石块落叶下、草丛中以及下水道旁。也发生在较为潮湿的苗圃里。以成虫体或幼体在多腐殖的残茎内越冬。5～7月在田间大量活动为害，入夏气温升高，活动减弱，秋季气候凉爽后，又活动为害。完成一个世代约250天。雌雄同体，异体受精，亦可同体受精繁殖。5～7月产卵，卵产于湿度大隐蔽的土缝中。卵期16～17天。产卵期长达160天。蛞蝓怕光，强光下2～3小时即死亡，因此均在夜间活动。从傍晚开始出动，晚上10～11时达高峰，清晨之前又陆续潜入土中或荫蔽处。

【防治方法】①农业措施。种植前彻底清除田间及周边杂草，耕翻晒地，恶化它的栖息场所；种植后及时铲除田间、地边杂草，清除蛞蝓的滋生场所。在沟边、苗床或作物间，于傍晚撒石灰带。每667米²用石灰粉7～7.5千克，阻止蛞蝓为害蕉茎。②化学防治。在雨后或傍晚，每667米²用6%密达颗粒剂0.5～0.6千克，拌细沙5千克，均匀撒施；为害面积不大时，可用1%食盐水或硫酸铜1 000倍液，于下午4时以后或清晨蛞蝓未入土前，全株喷洒。为害严重的地块可用硫特普·敌敌畏灭蛭灵900倍液喷雾，均有较好的防治效果。

蛞 蝓

蛞 蝓

蛞 蝓

26.蝼蛄

蝼蛄 *Giryllotalpa orientalis* Burmeister，又称土狗。属直翅目，蝼蛄科。主要分布于华南、华东柑橘等产区。杂食性。以成虫、若虫为害幼苗的根部。

【为害状】以成虫、若虫为害幼苗的根部，为害严重的造成小苗枯死。

【形态特征】**成虫** 体长30～33毫米，体浅茶褐色。前翅达腹部中部，后翅稍超过腹部末端。后足胫节背面内侧有3～4个刺，腹部纺锤形。**卵** 椭圆形，长约3毫米，初产时乳白色，近孵化时变暗紫色。

【生活习性】一年发生1代。以若虫或成虫在土中越冬。翌年3、4月在土中活动，4、5月间是活动盛期。昼伏夜出，夜晚取食为害。有趋光性。性喜潮湿环境。5月中下旬开始产卵，5月下旬至6月上旬为孵化盛期，10月下旬以后开始越冬。

【防治方法】①种植前耕翻晒地，恶化其栖息场所，种植后及时铲除田间、地边杂草。②蝼蛄发生为害期，利用黑光灯、白炽灯诱杀成虫，以减少田间虫口密度。③毒饵诱杀。先将麦麸、豆饼、玉米碎粒炒香，按饵料重量0.5%～1%的比例加入90%晶体敌百虫，用少量温水溶解后加入饵料中拌匀，拌至用手一抓稍出水即成。于傍晚撒于定植穴或已植小苗附近的表土上，每667米^{2}放毒饵1.5～2.5千克。

东方蝼蛄成虫

东方蝼蛄成虫

东方蝼蛄成虫

27.皮氏叶螨

皮氏叶螨 *Tetranychus piercei* Mcgregor，又名香蕉红蜘蛛。属蜱螨目，叶螨科。

【寄主】香蕉类果树。

【为害状】成螨、若螨和幼螨栖息于香蕉叶背取食叶片的汁液，造成被害部位褪绿、变褐。严重时整个叶背全部变成黑褐色，叶面变黄，最后整叶干枯。

【形态特征】**成螨** 雌成螨椭圆形，红褐色，足及颚体为白色，体侧有黑斑。雄成螨体狭长，体色粉红色。**若螨** 足4对，体形小于成螨，呈淡紫或淡红色，体两侧黑斑呈深黑色。**幼螨** 足3对，初孵时乳白色，取食后为暗绿色，两侧具黑色带纹。**卵** 圆形，初产时乳白色，孵化前淡黄至淡褐色。

【生活习性】海南一年可发生约26代，世代重叠明显，无越冬现象，终年可发生为害。繁殖速度与温度有关，低温发育缓慢，高温发育速度加快，24～32℃为生长发育最适温度。16℃时皮氏叶螨完成世代发育需用36～42天，32℃时则只需9～10天。另外，降雨对种群消长影响甚大，干旱少雨发生严重，降雨频繁且降雨量大则为害较轻。

【防治方法】①香蕉收获后销毁废弃的蕉茎和蕉叶。②保护利用天敌。蕉园有意保留藿香蓟等田间杂草，以利食螨瓢虫、捕食螨等天敌栖息繁殖。当叶螨只在部分蕉株发生为害时，可用挑治法，以免杀伤田间天敌。③害螨普遍发生时，及时喷药防治。药剂可选用：1.8%阿维菌素微乳剂2 000～2 500倍液，15%达螨灵乳油1 000～1 500倍液，240克/升螺螨酯悬浮剂3 000～5 000倍液或110克/升乙螨唑悬浮剂3 000～5 000倍液。

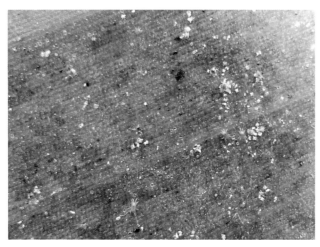

皮氏叶螨为害状

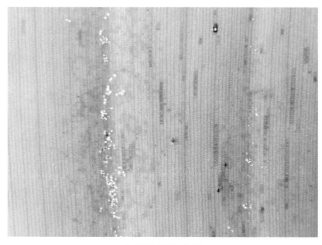

皮氏叶螨为害状

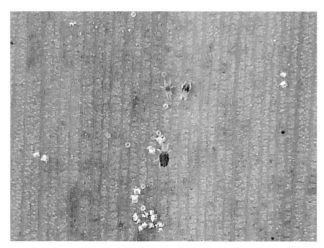

皮氏叶螨成螨、卵、若螨

皮氏叶螨成螨

皮氏叶螨成螨、卵、若螨

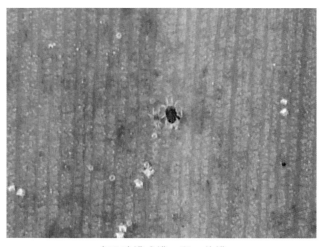

皮氏叶螨成螨、卵、若螨

附录一　香蕉病虫害防治历

生育期	主要病虫害	防治方法	管理注意事项
组培苗大棚期	叶斑病、叶瘟病、细菌性软腐病、交脉蚜、斜纹夜蛾	1.防治叶斑病、叶瘟病，可用40%多·硫悬浮剂1 000～1 500倍液或450克/升咪鲜胺水乳剂1 500～2 000倍液喷雾 2.防治蚜虫，可用10%吡虫啉可湿性粉剂2 000～3 000倍液、50%抗蚜威可湿性粉剂1 500～2 000倍液或5%啶虫脒乳油2 000～3 000倍液喷雾 3.防治斜纹夜蛾，可用4.5%高效氯氰菊酯乳油1 000～1 500倍液、5%甲氨基阿维菌素苯甲酸盐水分散粒剂1 500～2 000倍液或5%氯虫苯甲酰胺1 000～1 500倍液喷雾	应抓好2种病毒病（花叶心腐病、束顶病）及传毒蚜虫的防治工作，发现病株或变异株及时清除销毁
营养生长前期（苗期）	花叶心腐病、束顶病、交脉蚜、弄蝶、斜纹夜蛾等	1.防治蚜虫，可用10%吡虫啉可湿性粉剂2 000～3 000倍液、50%抗蚜威可湿性粉剂1 500～2 000倍液或5%啶虫脒乳油2 000～3 000倍液喷雾 2.防治弄蝶、斜纹夜蛾、刺蛾等，可用4.5%高效氯氰菊酯乳油1 000～1 500倍液、5%甲氨基阿维菌素苯甲酸盐水分散粒剂1 500～2 000倍液或5%氯虫苯甲酰胺1 000～1 500倍液喷雾	应重点抓好2种病毒病及传毒蚜虫的防治工作。此外，营养生长前期也是变异苗表现症状的重要时期，发现不良的变异株，应及早处理
营养生长中后期	束顶病、叶斑病（香蕉褐缘灰斑病、灰纹病、煤纹病等）、黑星病、交脉蚜、象甲、冠网蝽、皮氏叶螨等	1.防治叶斑病、黑星病，可用25%腈菌唑乳油1 000～2 000倍液、250克/升吡唑醚菌酯乳油1 000～2 000倍液、250克/升丙环唑乳油1 000～1 500倍液或250克/升苯醚甲环唑乳油1 000～1 500倍液喷雾，每15～20天喷1次 2.防治蚜虫，可用10%吡虫啉可湿性粉剂2 000～3 000倍液、50%抗蚜威可湿性粉剂1 500～2 000倍液或5%啶虫脒乳油2 000～3 000倍液喷雾 3.防治网蝽可用2.5%溴氰菊酯乳油1 500～2 000倍液、80%敌敌畏乳油或90%晶体敌百虫800倍液喷雾 4.防治叶螨，可用15%达螨灵乳油1 000～1 500倍液、240克/升螺螨酯悬浮剂2 000～4 000倍液或110克/升乙螨唑悬浮剂3 000～5 000倍液均匀喷雾叶背	加强果园卫生，割除低位病枯叶片，这对降低病虫基数有很好的作用
抽蕾期至幼果期	叶斑病（香蕉褐缘灰斑病、灰纹病、煤纹病等）、黑星病、枯萎病、线虫病、黄胸蓟马、象甲等	1.防治叶斑病、黑星病，可用25%腈菌唑乳油1 000～2 000倍液、250克/升吡唑醚菌酯乳油1 000～2 000倍液、250克/升丙环唑乳油1 000～1 500倍液或250克/升苯醚甲环唑乳油1 000～1 500倍液喷雾，每15～20天喷1次 2.防治蓟马，可用25%噻虫嗪水分散粒剂2 000～3 000倍液、3%啶虫脒乳油1 500～2 000倍液或10%吡虫啉可湿性粉剂1 000～2 000倍液喷雾	香蕉抽蕾后绿叶数已定，应特别注意叶斑病的防治，保证果实生长期有足够绿叶制造养分；抽蕾期一般也是花蓟马和黑星病的为害时期，应抓紧喷药防治和套袋护果
果实生长中后期	叶斑病（香蕉褐缘灰斑病、灰纹病、煤纹病等）、黑星病、皮氏叶螨	1.防治叶斑病、黑星病，可用25%腈菌唑乳油1 000～2 000倍液、250克/升吡唑醚菌酯乳油1 000～2 000倍液、250克/升丙环唑乳油1 000～1 500倍液或250克/升苯醚甲环唑乳油1 000～1 500倍液喷雾，每15～20天喷1次 2.防治叶螨，可用15%达螨灵乳油1 000～1 500倍液、240克/升螺螨酯悬浮剂2 000～4 000倍液或110克/升乙螨唑悬浮剂3 000～5 000倍液均匀喷雾叶背	此期在做好果实生长期病虫害防治工作的同时，黑星病防治水平的高低，关系到后期果实的外观品质和商品价值，因此应重点防治黑星病为害蕉果和叶片
采后贮运期	炭疽病、冠腐病、黑腐病	果串去轴分梳后应进行防腐保鲜处理，可用450克/升咪鲜胺水乳剂900～1 800倍液、50%咪鲜胺锰盐可湿性粉剂1 000～1 500倍液、16%咪鲜·异菌脲悬浮剂400～500倍液或255克/升异菌脲悬浮剂500～1 000倍液浸果	香蕉在采收时应尽量减少人为的机械伤

说明：表中未提到的病虫防治方法，可查本书有关资料。

附录二　害虫天敌

一、瓢　　虫

瓢虫属鞘翅目，瓢虫科。虫体呈半球形拱起，表面光滑，常具红、黑、黄、白色斑点，是鲜艳的小型昆虫。据庞虹等（2004）统计，我国有725种瓢虫，其中植食性的有145种，菌食性的约有20种，其余的均为捕食性瓢虫。以下是笔者所收集的部分捕食性瓢虫。

1. 龟纹瓢虫

龟纹瓢虫 *Propylea japonica* Thunberg，体长3.2～4.0毫米，体宽2.6～3.2毫米。体长圆形，表面光滑。头部白色或黄白色，头顶黑色，雌性额中部具一黑斑，或与黑色的头顶相连。前胸背板白色或黄白色，中基部具一大型黑斑。鞘翅黄色、黄白色或橙红色，侧缘半透明，鞘缝黑色，斑纹变化多，多为龟纹形，斑纹扩大，鞘翅可几乎全黑，或斑纹缩小，除黑缝外无黑斑。

寄主：蚜虫。

龟纹瓢虫成虫

龟纹瓢虫幼虫

龟纹瓢虫蛹

2.大红瓢虫

大红瓢虫*Rodolia rufopilosa* Mulsant，体长5.6～6.2毫米，宽4.4～4.8毫米。体呈半球形拱起，密被金黄色细毛。头、前胸背板、小盾片、鞘翅均为鲜红色。

寄主：吹绵蚧、草履蚧等。

大红瓢虫　　　　　　　　　　　　大红瓢虫成虫　　　　　　　　　　　大红瓢虫幼虫

3.小红瓢虫

小红瓢虫*Rodolia pumila* Weise，体长3.0～3.8毫米，宽2.8～3.5毫米。体卵形，体背被有锈红色短绒毛。体背面红色，无斑；腹面红色，而胸部中央常为黑色，且常扩大延至腹部。

寄主：吹绵蚧、埃及吹绵蚧。

小红瓢虫成虫　　　　　　　　　　　　　　　　小红瓢虫蛹

小红瓢虫成虫、蛹和将羽化的蛹体　　　　　　　　　小红瓢虫幼虫

4.澳洲瓢虫

澳洲瓢虫 *Rodolia cardinalis* Mulsant，体长3.0～3.9毫米，宽2.7～3.0毫米。体短卵形，背面密被短绒毛。头红色；前胸背板红色，基部黑色。鞘翅红色，两鞘翅上有5个明显的黑斑，其中1个位于鞘缝，另4个位于鞘翅前后部，前黑斑常为豆荚形，后黑斑多斧状，有时黑斑扩大，与鞘翅的前缘、外缘和鞘缝相连；鞘翅的中缝及鞘翅的后缘为黑色。

寄主：蚜虫等。

澳洲瓢虫成虫

澳洲瓢虫幼虫

5.四斑月瓢虫

四斑月瓢虫 *Chilomenes quadriplagiata*（Swartz），体长4.4～6.4毫米，宽4.0～5.6毫米。虫体周缘椭圆形。头部黄白色，复眼黑色。前胸背板黑色，两侧各有黄白色的四边形斑，前缘黄白色呈带状与两侧斑相连。小盾片黑色。鞘翅基色为黑色，在基部1/4部分几乎完全被一橘红色的横斑所占有，鞘缝、基缘和外缘只留极窄的黑边，该斑的后缘极不整齐，常有一条黑色的条纹向前伸达肩胛，在鞘翅2/3处中线和内线之间另有一不规则的橘红色斑，略呈三角形。

寄主：蚜虫。

四斑红瓢虫成虫

四斑月瓢虫成虫

四斑红瓢虫成虫

四斑月瓢虫成虫   四斑月瓢虫成虫

6.六斑月瓢虫

六斑月瓢虫*Cheilomenes sexmaculatus* Fabricius，体长3.6～6.6毫米，宽3.2～5.3毫米。体长圆形。头部黄白色，有时头顶黑色。前胸背板黑色，中央有一个倒"八"字形白斑与白色前角相连，此斑可扩大，稀消失，或黑色，仅前角黄白色，鞘翅的斑纹多变（20多种），常见的是鞘缝及外缘黑色，每一鞘翅上有3个横向黑斑（六斑型）；另一种黑色的鞘翅上各有2个红斑，一个在翅基部，一个近端部（四斑型）。鞘翅的红色部分或黑色部分均可扩大或缩小，有时鞘翅几乎全黑。

寄主：蚜虫等。

六斑月瓢虫成虫   六斑月瓢虫成虫

六斑月瓢虫成虫   六斑月瓢虫成虫在交尾

六斑月瓢虫幼虫

六斑月瓢虫蛹

7.纤丽瓢虫

纤丽瓢虫*Harmonia sedecimnotata* Fabricius，体长6.0～7.2毫米，体宽5.0～6.1毫米。体卵圆形。橘黄色或颜色较浅，有时头顶黑色。前胸背板具2个小黑斑。小盾片黑色。每一鞘翅上各有8个大小相近的小黑斑，呈2-3-2-1排列，有时第三排的2个斑点消失。

寄主：蚜虫等。

纤丽瓢虫成虫

纤丽瓢虫幼虫

8.十斑大瓢虫

十斑大瓢虫*Megalocaria dilatata* Fabricius，体长9.0～13.0毫米，体宽8.2～12.0毫米。体近圆形。头橙黄色，复眼内则具黑斑，有时扩大与黑色的头顶相连。前胸背板具1对黑斑，接近后缘或与后缘相连。小盾片黑色。鞘翅橙黄色，每一鞘翅上具5个黑斑，呈1-2-2排列。有时鞘翅外缘有黑色的细边。

寄主：蚜虫等。

十斑大瓢虫成虫

十斑大瓢虫成虫

9.广东食螨瓢虫

广东食螨瓢虫*Stethorus cantonensis* Pang，体长1.3～1.5毫米，宽1.0～1.1毫米。体卵圆形。全体黑色，额部黄色。股节末端、胫节及跗节黄色，基节及股节的大部分为黄褐色。后基线宽阔、平滑，后缘伸至第一可见腹板长度之半而后向前弯曲到达靠近前缘角处。

寄主：叶螨类。

广东食螨瓢虫成虫

广东食螨瓢虫蛹与幼虫

广东食螨瓢虫幼虫

广东食螨瓢虫成虫捕食红蜘蛛

广东食螨瓢虫幼虫、蛹与初羽化成虫   广东食螨瓢虫幼虫、蛹与初羽化成虫

*10.*红点唇瓢虫

红点唇瓢虫*Chilocorus kuwanae* Silvestri，体长3.3～4.9毫米，宽2.9～4.5毫米。体近圆形。头黑色，唇基前缘红棕色。前胸背板黑色，基缘弓形，侧缘弧形。前角及后角钝圆。鞘翅黑色。中央之前有橙红色小斑，长形横置或近于圆形。

寄主：蚜虫、介壳虫等。

*11.*十斑盘瓢虫

十斑盘瓢虫*Lemnia bissellata* Mulsant，体长4.8～5.6毫米，宽4.6～4.8毫米。体近圆形。头部红色或白色，头顶黑色。前胸背板红色或黄白色，具2个基部相连的黑斑，呈M形，后角具1个圆形黑斑，或向内相连。或黑斑扩大至仅前角具方形红斑。鞘翅红色，有时翅基具分界不明显的白色区域，鞘翅上共有10个黑斑，其中2个位于鞘翅缝的1/3及5/6处，黑斑可扩大、缩小。

寄主：蚜虫等。

红点唇瓢虫成虫   十斑盘瓢虫成虫

*12.*红肩瓢虫

红肩瓢虫*Harmonia dimidiata* Fabricius，体长6.6～9.6毫米，宽6.1～8.4毫米，体近圆形，突肩型拱起。头黄褐色；前胸背板黄褐色，基部具2个黑斑，通常相连，罕分离，或消失。小盾片黑色。鞘翅橙黄色至橘红色，上有13个黑斑，每一鞘翅上呈1-3-2-1/2排列；斑点可扩大、缩小，甚至相连。

寄主：蚜虫等。

香蕉病虫害原色图鉴

红肩瓢虫成虫

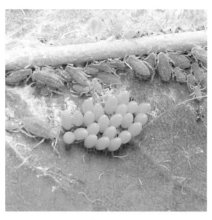

红肩瓢虫卵

红肩瓢虫幼虫

13. 拟小食螨瓢虫

拟小食螨瓢虫*Stethorus*（*Allostethorus*）*parapauperculus* Pang，体长0.96～1.20毫米，宽0.72～0.92毫米。体卵圆形，末端较收窄。腹面也较突起。全体黑色，背面被灰白色细毛。后基线宽阔，伸展超过第一可见腹板之半而后向前弯曲到达近前缘角处。

寄主：叶螨类等。

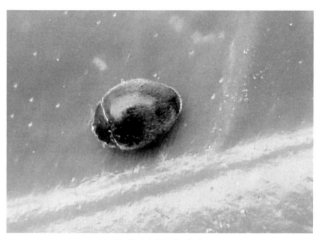

拟小食螨瓢虫成虫

14. 闪蓝红点唇瓢虫

闪蓝红点唇瓢虫*Chilocorus chalybeatus* Gorham，体长5～5.7毫米，宽4.3～5.0毫米。体近圆形，端部较收窄。头部黑色至黑褐色。前胸背板黑色，但前角有细窄的红棕色边缘。鞘翅黑色，在鞘翅上各有1个橙黄色的近圆形斑点，位于中部之前，其宽度相当于鞘翅最宽处的1/2，斑点的周缘距鞘缝较近而距鞘翅外缘较远。背面的黑色部分反射带蓝色的金属光泽。

闪蓝红点唇瓢虫成虫

闪蓝红点唇瓢虫蛹

15.细缘唇瓢虫

细缘唇瓢虫 *Chilocorus circumdatus* Gyllenhal，体长5.2～6.0毫米，宽4.5～5.0毫米。体近圆形。背面褐黄色至淡红色，鞘翅外缘有分界明显的黑或褐色的边缘。前胸背板前侧突伸至唇基之前，上被细毛，后缘呈波浪起伏。

寄主：多种介壳虫。

细缘唇瓢虫成虫

细缘唇瓢虫幼虫

16.狭臀瓢虫

狭臀瓢虫 *Coccinella transversalis* Fabricius，体长5.6～6.2毫米，宽3.5～4.8毫米。体椭圆形，后部急剧狭缩。头黑色，额上具2个小黄斑。前胸背板黑色，前角具近长方形黄色至红色斑，有时前缘浅色。鞘翅黄色至红色，鞘缝黑色，通常黑色部分止于末端之前；每一鞘翅上有3个黑色横斑，前斑倒T形，中斑位于鞘翅的2/3处，与鞘缝相连或分离，不达翅侧；后斑靠翅端，此斑可消失或扩大。

寄主：蚜虫、盾蚧等。

狭臀瓢虫成虫

异色瓢虫成虫

17.异色瓢虫

异色瓢虫 *Harmonia axyridis* Pallas，体长5.4～8.0毫米，宽3.8～5.2毫米。体卵圆形。雄性具白色唇基，雌性黑色。前胸背板和鞘翅上斑纹多变。鞘翅基色浅色或黑色，浅色型每一鞘翅上最多9个黑斑和合在一起的小盾斑，这些斑点可部分或全部消失，出现无斑、2斑、4斑、6斑、9～19斑等，或扩大相连；黑色型常每一鞘翅具2个或4个红斑，红斑可大可小。大多数个体在鞘翅末端的7/8处具1个明显的横脊。

寄主：蚜虫等。

18.双带盘瓢虫

双带盘瓢虫 *Lemnia biplagiata* Swartz，体长5.0～6.5毫米，宽4.6～5.2毫米，体近圆形。头黑色，雄性额部白色，雌性黑色。前胸背板黑色，前角具一个大白斑，可达侧缘的3/5。鞘翅色斑多变，常见有：①锚纹型。鞘翅黑色，外缘除翅端外黑色，在鞘翅端部1/4处具一黑色的横带，在尖角处具1个黑色圆斑。②双带型。鞘翅黑色。翅中有1个大红斑，常呈横向带状，翅端黑色或还有1个红斑。③无斑型。鞘翅红或红黄色，无斑。

寄主：有多种蚜虫。

双带盘瓢虫成虫

双带盘瓢虫幼虫

双带盘瓢虫蛹

19.红颈瓢虫

红颈瓢虫 *Synona consanguinea* Poorani, Ślipiński et Booth，体长6.2～7.2毫米，宽5.3～6.6毫米。体近圆形，背面半球形拱起。头红至橘红色。前胸背板橘红色。鞘翅黑色。腹面及足完全黄褐色。

寄主：有多种蚜虫。

红颈盘瓢虫成虫

20.变斑隐势瓢虫

变斑隐势瓢虫*Cryptogonus orbiculus* Gyllenhal，体长2.2～2.8毫米，宽1.6～2.2毫米。体短卵形。头部雄性黄色，雌性黑色。前胸背板黑色，雄性前缘及两前侧角黄棕色，雌性浅色区域较小，或不明显。鞘翅黑色，其上各有1个圆形红斑，通常位于中央之后；此斑变异大，或大或小，或接近翅基，或消失而鞘翅全黑。

寄主：蚜虫及蚧。

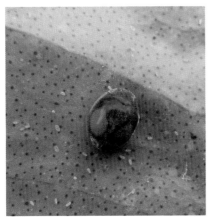
变斑隐势瓢虫成虫

变斑隐势瓢虫成虫

变斑隐势瓢虫成虫在交尾

21.粗网巧瓢虫

粗网巧瓢虫*Oenopia chinensis* Weise，体长3.5～4.4毫米，宽3.4～3.8毫米。体近圆形。头部黑色，但雄性额部黄白色。前胸背板黑色，两侧各有1个白色或黄白色（或红色）大斑。鞘翅黑色，具有3个黄色或黄白色斑，呈2-1排列，有时小盾斑较小，位置斜置，或有时外斑较大，略呈横向，并接近翅缘。

寄主：蚜虫等。

粗网巧瓢虫成虫

粗网巧瓢虫幼虫

粗网巧瓢虫蛹

22.七星瓢虫

七星瓢虫*Coccinella septempunctata* Linnaeus，体长5.2～7.0毫米，宽4.0～5.6毫米。体卵圆形。头黑色，额具2个白色小斑。前胸背板黑色，两前角具近于四边形的白斑，伸展至缘折上形成窄条。鞘翅基色红色或橙黄色，两鞘翅上共有7个黑斑。鞘翅上的黑斑可缩小，部分斑点可消失，或斑纹扩大，斑纹相连。

寄主：蚜虫等。

23.艳色广盾瓢虫

　　艳色广盾瓢虫 *Phymatosternus lewisii* Crotch，体长3.0～3.5毫米，宽2.0～2.6毫米。体近圆形，略具光泽。前胸背板黑色至黑棕色，两肩角上有黄斑，前缘有黄色的窄带，雄性的黄色部分常较大，雌性的黄色部分常较小，或缩小或消失。鞘翅的基缘、鞘缝及外缘均为黑色，鞘缝1/3处的缝斑呈弧形增宽，在每一鞘翅上各有2个黑色斑点，成前后排列。鞘翅的浅色部分为红棕色，在前后2个黑斑间还有黄色长圆形的大斑。

　　寄主：蚜虫等。

七星瓢虫成虫

艳色广盾瓢虫成虫（个体小的为雄虫）

24.四斑广盾瓢虫

　　四斑广盾瓢虫 *Platynaspis maculosa* Weise，体长2.6～3.0毫米，宽2.0～2.4毫米。体近圆形。头部雄性黄色，雌性黑色。前胸背板黑色，两侧具黄褐色边缘。鞘翅黄至黄棕色，鞘缝黑色，在基部的1/3处鞘缝黑纹膨大，每一鞘翅上各前后2个黑斑。有时鞘翅全黑，肉眼可见4个黑斑。

　　寄主：蚜虫等。

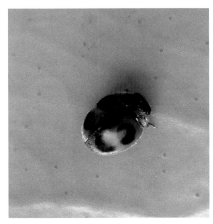

四斑广盾瓢虫成虫

四斑广盾瓢虫幼虫

四斑广盾瓢虫蛹

25.华裸瓢虫

华裸瓢虫 *Calvia chinensis* Mulsant，体长5.7～7.2毫米，宽4.0～4.8毫米。体长椭圆形。头浅棕色至茶褐色，有时复眼内侧的额部有黄白色，复眼黑色。体背栗褐色至红棕色。前胸背板前侧缘具近于四方形的白斑，中线为一窄的白条纹。鞘翅上各有5个白斑，呈1-1-2-1排列。

寄主：蚜虫等。

华裸瓢虫成虫

黄宝盘瓢虫成虫

26.黄宝盘瓢虫

黄宝盘瓢虫 *Propylea luteopustulata* Mulsant，体长4.5～5.5毫米，宽3.5～4.4毫米。体椭圆形。头黄棕色，有时头顶具黑斑。前胸背板黄棕色，无黑斑，或基部具一对小黑斑，或4个小黑斑，或1个"八"字形黑斑。鞘翅黑色，每鞘翅上或具有5个黄斑呈2-2-1排列，或4个黄斑，或前面两个黄斑相连形成两条黄色横带；或前后横带相连。鞘翅黄褐色者，每鞘翅上或具有5个黑斑呈3-2排列，或4个黑斑呈2-1-1排列。

寄主：蚜虫等。

27.黄斑盘瓢虫

黄斑盘瓢虫 *Lemnia saucia* Mulsant，体长4.6～7.0毫米，宽4.2～6.0毫米。体近圆形。头部白色（雄）或黑色（雌）。前胸背板黑色，两侧具白色大斑，达背板的后缘。鞘翅黑色，近中央具一近椭圆形（横向）或圆形斑，橙红色或黄色，此斑可扩大，横径可达鞘翅宽的3/4。

寄主：蚜虫等。

黄斑盘瓢虫初羽化状

黄斑盘瓢虫成虫

黄斑盘瓢虫幼虫

黄斑盘瓢虫蛹

28.八斑和瓢虫

　　八斑和瓢虫 *Harmonia octomaculata* Fabricius，体长5.6～7.0毫米，宽4.3～5.6毫米。体卵形。头黄褐色，有时头顶黑色。前胸背板黄褐色，具黑斑2个、4个或5个，或一个大黑斑。鞘翅橙黄至黄褐色，斑纹多变，每一鞘翅上具7个黑斑，呈2-3-2排列，斑纹可扩大，并在翅端出现一个黑斑，这样形成4条横带，前2条斑纹可在外侧相连，后2条斑纹可相融，只留一浅色斑点；鞘缝常呈黑色。或斑纹减少，甚至无斑纹。

　　寄主：蚜虫等。

八斑和瓢虫成虫

八斑和瓢虫幼虫

八斑和瓢虫蛹

29.后斑小瓢虫

后斑小瓢虫 *Scymnus*（*Pullus*）*posticalis* Sicard，体长 2.0～2.4 毫米，宽 1.4～1.6 毫米。体卵形，被淡黄白色细毛。头红棕色，雌性黑色，唇基红棕色；前胸背板黑色，雄性前缘及前角红棕色，较小，雌性黑色。鞘翅黑色，端部 1/6 黄棕色。足红棕色。

寄主：蚜虫、粉虱等。

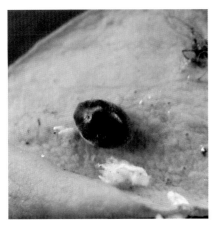 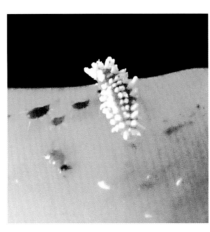 

| 后斑小瓢虫成虫 | 后斑小瓢虫幼虫 | 后斑小瓢虫蛹 |

30.台湾隐势瓢虫

台湾隐势瓢虫 *Cryptogonus horishanus* Ohta，体长 1.7～2.4 毫米，宽 1.4～1.8 毫米。体短卵形，背面拱起。头黄褐色。前胸背板黑色，前缘及两前侧角黄棕色。小盾片黑色。鞘翅黑色，各具 1 个横圆形斑，黄褐至橙黄色，位于中部稍后。

寄主：蚜虫等。

| 台湾隐势瓢虫成虫 | 台湾隐势瓢虫幼虫 | 台湾隐势瓢虫蛹 |

31.十二斑奇瓢虫

十二斑奇瓢虫 *Alloneda dodecaspilota* Hope，体长 6.5～8.3 毫米，宽 5.7～7.6 毫米。体半球形。头部黄褐色。前胸背板黄色，具 2 个大黑斑，基部相连。鞘翅黄色，鞘翅共有 10 个大黑斑，其中 2 个为缝斑，鞘翅末端的缝斑稍小，每鞘翅 4 个独立的黑斑呈 1-2-1 排列，互不相连。

寄主：蚜虫等。

32.红星盘瓢虫

红星盘瓢虫 *Phrynocaria unicolor* Fabricius，体长3.5～4.4毫米，宽3.0～4.0毫米。体近圆形，呈半球形拱起。头部黄白色至白色，雌性黑色或红褐色。前胸背板黑色，雄性两侧具大白斑或黄色斑，有时前缘浅色，雌性仅侧缘的前半部分及前缘浅色。鞘翅中部稍前有1个大红斑，或鞘翅全为黑色，无斑。

寄主：蚜虫，粉虱。

十二斑奇瓢虫成虫

红星盘瓢虫成虫

33.扭叶广盾瓢虫

扭叶广盾瓢虫 *Phymatosternus gressitti* Miyatake，体长2.9毫米，宽2.1毫米。体广卵圆形，拱起。头黑色。前胸背板黑色，前缘黄色，两侧有黄色的纵带。鞘翅黑色，每一鞘翅上有2个黄褐至橙红色斑，呈前后排列，前斑较大，略呈横置的四边形，位于鞘翅中部之前，后斑较小，近圆形，位于距鞘翅基部的4/5。

寄主：蚜虫等

34.黄缘巧瓢虫

黄缘巧瓢虫 *Oenopia sauzeti* Mulsant，体长3.5～4.2毫米，宽3.1～3.2毫米。体卵形。头部雄虫黄白色，头顶黑色，雌虫黑色。前胸背板黑色，前角具淡黄色或白色大斑。鞘翅淡黄至黄色，鞘缝黑色，鞘缝在翅中稍后及翅端前明显扩大，每一鞘翅上具2个黑斑，分别位于鞘翅的1/3和中部稍后处，近四边形，有时鞘翅侧缘黑色，较窄。

寄主：蚜虫等。

扭叶广盾瓢虫成虫

黄缘巧瓢虫成虫

35.九斑盘瓢虫

九斑盘瓢虫 *Lemnia duvauceli* Mulsant，体长8.0～10.0毫米，宽7.5～8.0毫米。体宽卵形。头棕褐或黄褐色。前胸背板棕褐色，具1对近四边形黑斑。鞘翅红棕色，两鞘翅共9个黑斑，呈1-1/2-2-1排列，其中鞘翅外缘的斑纹与外缘相连。

寄主：蚜虫等。

九斑盘瓢虫成虫

36.红基盘瓢虫

红基盘瓢虫 *Lemnia circumusta* Mulsant，体长4.6～6.3毫米，宽4.4～5.8毫米。体近圆形。头黄褐色。前胸背板红褐色，基部具黑色或黑褐色条纹。鞘翅斑纹多变：①褐色型，鞘翅全为浅色无黑色部分；②周缘型，鞘翅仅外缘黑色；③黑缝型，鞘翅的外缘及鞘缝黑色；④红斑型，鞘翅黑色，每一鞘翅在小盾片两侧具1个斜生红斑，可大可小，常与翅基相连；⑤黑色型，鞘翅全为黑色。

寄主：蚜虫和柑橘木虱。

红基盘瓢虫成虫

37.四斑裸瓢虫

四斑裸瓢虫 *Calvia muiri* Timberlake，体长4.3～5.1毫米，宽3.6～4.3毫米。体短卵形。前胸背板褐色，基半部具4个白斑，有时中间2个基部几乎相连。鞘翅黄褐色，每一鞘翅具6个明显的黄白色斑，呈1-2-2-1排列，鞘翅外缘奶白色，有时奶白边不明显，在鞘翅肩角及翅端呈斑点状，因而每一鞘翅看起来共有8个斑，呈2-2-2-1-1排列。

寄主：蚜虫等。

38.大突肩瓢虫

大突肩瓢虫 *Synonycha grandis* Thunberg，体长10.5～14.0毫米，宽9.6～13.2毫米。体近圆形。头黄色，头顶黑色。前胸背板橙黄色，中央具梯形大黑斑，有时隐约可见中央的分割线。鞘翅橙黄至橙红色，两鞘翅上共有13个黑斑，其中3个在鞘缝上。

寄主：蚜虫等。

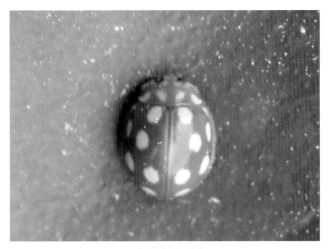

四斑裸瓢虫成虫

大突肩瓢虫成虫

大突肩瓢虫幼虫

大突肩瓢虫蛹

二、寄生蜂

寄生蜂属膜翅目，有平腹小蜂、金小蜂科、跳小蜂科、黑卵蜂科等，靠寄生生活的多种昆虫。这种蜂寄生在鳞翅目、鞘翅目、膜翅目和双翅目等昆虫的幼虫、蛹和卵里，能够消灭被寄生的昆虫。

1.平腹小蜂

平腹小蜂 *Anastatus* sp. 。
寄主：半翅目昆虫的卵。

荔枝平腹小蜂成虫在香蕉弄蝶卵上产卵

荔枝平腹小蜂成虫在香蕉弄蝶卵上产卵

荔枝卵平腹小蜂成虫

2.荔枝卵跳小蜂

荔枝卵跳小蜂 *Ooencyrtus* sp.。
寄主：半翅目昆虫的卵粒。

荔枝卵跳小蜂成虫寄生香蕉弄蝶卵孵化出成虫

荔枝卵跳小蜂成虫寄生香蕉弄蝶卵孵化出成虫

荔枝卵跳小蜂成虫寄生香蕉弄蝶卵孵化出成虫

3.黑卵蜂

黑卵蜂 *Telenomus euproctidis* Wilicox。

寄主：蛾类卵粒。

黑卵蜂

4.广大腿小蜂

广大腿小蜂 *Brachymeria lasus* Walker。

寄主：蛾类幼虫，广泛性寄生蜂。

广大腿小蜂侧面

广大腿小蜂

广大腿小蜂背面

三、草　蛉

　　草蛉一般全体草绿色，复眼有金属光泽。但有一些种类体色为黄褐色或带黑色、红色。触角丝状，细长。幼虫体纺锤形，体两侧有瘤突，丛生刚毛。捕食蚜凶，故有"蚜狮"之称。有的"蚜狮"种类，在取食了食物后把残渣放在背上，堆积起来，将躯体覆盖，只露出两颚。除取食蚜虫外，还捕食木虱、介壳虫、叶蝉（包括白蛾蜡蝉幼虫）、蛾类幼虫、各种虫卵及红蜘蛛等。

　　中华草蛉 *Chrysoperla sinica* Tjeder。

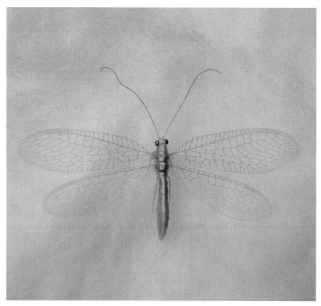

中华草蛉（标本）

中华草蛉成虫

　　牯岭草蛉 *Chrysopa kulingensis* Navas。
　　大草蛉 *Chrysopa septempunctapa* Wesmael。

牯岭草蛉（标本）

大草蛉（标本）

八斑绢草蛉 *Ancylopteryx octopunctata* Fabricius。

八斑绢草蛉（标本）

八斑绢草蛉

全北褐蛉 *Hemerobius humuli* Linnaeus。

全北褐蛉幼虫

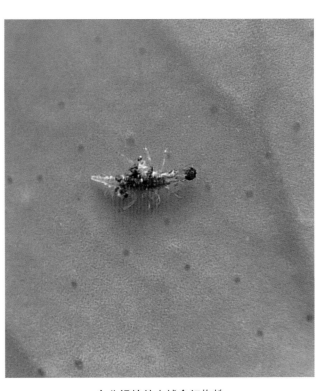

全北褐蛉幼虫捕食红蜘蛛

草蛉捕食粉虱蛹把壳放背上

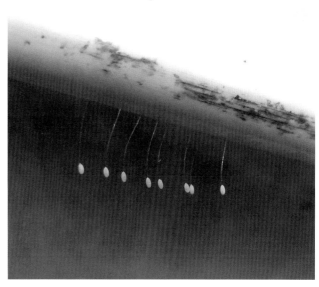

草蛉产卵在香蕉叶上

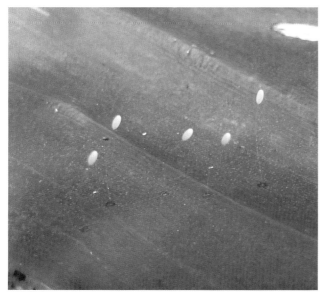

草蛉产卵在香蕉叶上

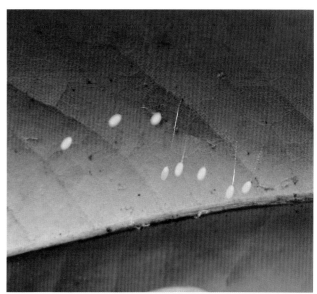

草蛉产卵在荔枝叶上

草蛉产卵在龙眼叶上

附录三　香蕉病原学名索引

附录四　香蕉害虫及天敌学名索引

A

Acamthopsyche subferalbata Hamson. 84

Agriolimax agrestis Linnaeus 108

Alloneda dodecaspilota Hope 126

Anastatus sp. 129

Ancylopteryx octopunctata Fabricius 132

Aonidiella aurantii Maskell 91

Aonidiella orientalis Newstead 90

B

Bactrocera dorsalis Hendel 103

Brachymeria lasus Walker 130

Bradybaena similaris Ferussae 107

C

Calvia chinensis Mulsant 124

Calvia muiri Timberlake 128

Cheilomenes sexmaculatus Fabricius 115

Chilocorus chalybeatus Gorham 119

Chilocorus circumdatus Gyllenhal 120

Chilocorus kuwanae Silvestri 118

Chilomenes quadriplagiata（Swartz）114

Chrysopa kulingensis Navas 131

Chrysopa septempunctapa Wesmael 131

Chrysoperla sinica Tjeder 131

Cnidocampa flescens（Walker）80

Coccinella septempunctata Linnaeus 122

Coccinella transversalis Fabricius 120

Coccus hesperidum Linnaeus 92

Cosmopolites sordidus Germar 87

Creropfastes centroroseis 95

Cryptogonus horishanus Ohta 126

Cryptogonus orbiculus Gyllenhal 122

E

Erionota torus Evans 74

Erthesina fullo Thunberg 102

G

Giryllotalpa orientalis Burmeister 109

H

Harmonia axyridis Pallas 120

Harmonia dimidiata Fabricius 118

Harmonia octomaculata Fabricius 125

Harmonia sedecimnotata Fabricius 116

Hemerobius humuli Linnaeus 132

I

Icerya aegyptiaca Douglas 94

L

Lemnia biplagiata Swartz 121

Lemnia bissellata Mulsant 118

Lemnia circumusta Mulsant 128

Lemnia duvauceli Mulsant 128

Lemnia saucia Mulsant 124

M

Megalocaria dilatata Fabricius 116

N

Nipaecoccus vastalor Maskell 93

O

Odoiporus longicollis Olivier 85

Oenopia chinensis Weise 122

主要参考文献

付岗, 王助引, 林贵美, 等. 2015. 香蕉病虫害防治原色图鉴 [M]. 南宁: 广西科学技术出版社.

高日霞, 陈景耀. 2011. 中国果树病虫原色图谱: 南方卷 [M]. 北京: 中国农业出版社.

高文胜, 秦旭. 2014. 无公害果园首选农药100种 [M]. 北京: 中国农业出版社.

黄邦侃, 高日霞. 1996. 果树病虫害防治图册 [M]. 福州: 福建科学技术出版社.

匡石滋, 等. 2012. 南方果树病虫害防治手册 [M]. 北京: 中国农业出版社.

李朝生, 霍秀娟, 林光美, 等. 2008. 香蕉新害虫褐足角胸叶甲的发生与防治初报 [J]. 广西农业科学, 39(6): 771-773.

李丰年, 曾惜冰, 黄秉智. 1999. 香蕉栽培技术 [M]. 广州: 广东科学技术出版社.

李梦玲, 黄思良, 岑贞陆. 2006. 香蕉细菌性黑斑病的研究 [C]// 中国植物病理学会年会.

李梦玲. 2006. 广西香蕉细菌性病害研究 [D]. 南宁: 广西大学.

刘奎, 谢艺贤. 2010. 热带果树常见病虫害防治 [M]. 北京: 化学工业出版社.

卢植新, 林明珍, 潭辉华. 2012. 南方果园农药应用技术 [M]. 北京: 化学工业出版社.

彭成绩, 蔡明段, 彭埃天. 2017. 南方果树病虫原色图鉴 [M]. 北京: 中国农业出版社.

蒲小明, 林壁润, 吕顺, 等, 2012. 香蕉品种对香蕉细菌性软腐病的抗性鉴定 [J]. 植物保护, 38(3): 143-145.

戚佩坤. 2000. 广东果树真菌病害志 [M]. 北京: 中国农业出版社.

王璧生, 黄华. 1999. 香蕉病虫害看图防治 [M]. 北京: 中国农业出版社.

伍有声, 高泽正. 2004. 危害多种热带果树的新害虫 -- 黄褐球须刺蛾 [J]. 中国南方果树, 33(5): 47-48.

许林兵, 黄秉智, 杨护. 2008. 香蕉品种与栽培彩色图说 [M]. 北京: 中国农业出版社.

中国农业科学院果树研究所, 柑橘研究所. 1994. 中国果树病虫志 [M]. 2 版. 北京: 中国农业出版社.

中国农业科学院植物保护研究所, 中国植物保护学会, 等. 2015. 中国农作物病虫害: 中册 [M]. 3 版. 北京: 中国农业出版社.

图书在版编目（CIP）数据

香蕉病虫害原色图鉴/彭成绩，黄秉智，彭埃天主
编．—北京：中国农业出版社，2019.4
ISBN 978-7-109-24369-9

Ⅰ．①香…　Ⅱ．①彭…②黄…③彭…　Ⅲ．①香蕉－
病虫害防治－图集　Ⅳ．① S436.68-64

中国版本图书馆CIP数据核字（2018）第158229号

中国农业出版社出版
（北京市朝阳区麦子店街18号楼）
（邮政编码 100125）
责任编辑　张　利　石飞华

———————————————

中国农业出版社印刷厂印刷　　新华书店北京发行所发行
2019年4月第1版　　2019年4月北京第1次印刷

———————————————

开本：889mm×1194mm 1/16　　印张：9.25
字数：250千字
定价：198.00元
（凡本版图书出现印刷、装订错误，请向出版社发行部调换）